複雑ネットワークにおける最適化

超AI的な統計物理学アプローチ

著者：林 幸雄

まえがき

「現代社会はネットワークによって支えられている」と言っても過言ではない．電力網，通信網，ガス・水道網，物流・輸送網，経済取引，生産物資のサプライチェーン，企業間や組織間の連携，インターネット，SNS，YouTube，感染伝搬，知人関係，食物連鎖，（人体内等の）生化学反応連鎖，等々が，我々の日々の生活や経済活動に必要不可欠なばかりか，便利で多大な利益をも生み出している．一方，昨今の気候激変による大災害やテロ攻撃で，こうしたネットワークが標的にされ，分断被害に脅かされている．しかも，現実の多くのネットワークには共通するつながり構造が存在して非常に脆弱であり，利己的な原理で構築される．このように対象によらず，つながり構造に起因する結合耐性や伝搬効率の解明，重要なノードの抽出等に関して，物理学やコンピュータ科学あるいは社会学を基礎に新たな学問分野として誕生したのがネットワーク科学である．

ところで，ネットワーク科学の書籍には，現存する和洋書ともに大きな発見が相次いだ創世記の 2000 年頃の内容がほとんどを占めて，ここ十年くらいに進展した内容は以下などに含まれていない．

- 増田直紀，今野紀雄　著，複雑ネットワークの科学，産業図書，2005．
- 林　幸雄　編著，ネットワーク科学の道具箱，近代科学社，2007．
- 増田直紀，今野紀雄　著，複雑ネットワーク，近代科学社，2010．
- 林　幸雄　著，自己組織化する複雑ネットワーク，近代科学社，2014．
- Newman, M.E.J, Networks, Oxford, 2010. (2nd Edition 2018).
- Barabási, A.-L., Network Science, 2016.
  （池田裕一・井上寛康・谷澤俊弘 監訳，ネットワーク科学，共立出版，2019）．

一方，海外を中心とした研究プロジェクトにおいて割と最近までトピックスであった多層や一時的な結合の，mutilayer, temporal networks に関する洋書では専門分化して，ネットワーク科学の全体像や創世記との関連性が見えにくい．そこで，最新の内容も含んで，ネットワーク科学の研究成果をできるだけ包括的に紹介しつつ，創世記からの進展も分かるような編集を新たに試みた．本書では，特に組合せ最適化との密接な接点を強調しているが，現状の人工知能 (AI) にはない高速高精度な「超 AI 的」とも言える優れたアルゴリズムの存在にも気づいて欲しい．理工系の学生やデータ科学に興味関心を持つ社会人も主な読者に想定して，教科書あるいは独学書として活用して頂ければ幸いである．基本的に各章は独立して読める一方，互いに参照しながら理解を深めることも可能である．全体的な章間の関連性を下図に示す．

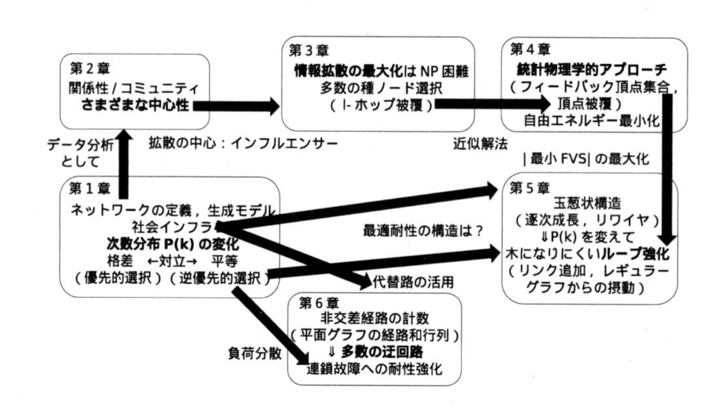

表記上の工夫としては，重要ポイントを太文字や網掛け枠囲みで強調して，やや込み入った数式は論旨の本筋を妨げないよう付録にまとめた．また各章にいくつか問を設けているが，答えは一つとは限らないことから，あえて模範解答を付けていない．講義では問を取捨選択して，議論を促すのもよいだろう．

本書をきかっけに，ネットワーク科学に関する研究開発に興味を持って従事するものが増え，より良い社会を今後築いていく為に，少なからず役立ってくれるよう切に願ってやまない．

謝辞： 本書をまとめるにあたって，研究室の学生らによる数値実験への貢献はもとより，4 章に関していくつか議論して頂いた東工大の高邉 賢史氏を含め，出版の機会を与えて頂いた（株）近代科学社に心より感謝申し上げます．

令和 5 年 2 月

林　幸雄

目次

第4章　高速な近似解法

第5章　分断しにくい最適耐性

第6章　災害や攻撃による破損後に役立つ代替経路

付録A　いくつかの式の導出

付録B　実ネットワークデータの基本特性

付録C　自己修復の可視化デモ

第1章

ネットワークの次数分布

ネットワークにおけるつながりの構造的特徴に影響する次数分布は重要な指標で，代表的な分布とそれらの原理的な生成規則を説明する．我々の身近に存在する多くのネットワークに共通する構造が発見されたことは驚愕の事実である．

1.1　現実の多くに共通するネットワーク構造

1.1.1　ネットワークとは

ネットワークは, ノードと呼ばれる「点」と, リンクと呼ばれる「線」で定義され, いくつかの点同士が線でつながった構成物をさす.

例えば, 表 1.1 に示すように, 知人関係のネットワークでは, ノードは人でリンクは知り合いであるとか仕事仲間であるとかの社会的つながりで表現される. 携帯電話や PC で利用するインターネットの通信網では, 詳細な物理的レベルまたは大局的な拠点レベルで表現が異なるが, ノードはルータまたは大学や国防省などの各拠点, リンクは光ファイバーケーブルなどの通信回線で表現される. 我々の体内のエネルギー代謝系[1] では, ノードは遺伝子や蛋白質, リンクはそれらの間の生化学反応の連鎖で表現される. ノードやリンクが目に見えないことや, (昨日の取引相手とは今日から無関係になった等) 時間的に変化する場合も含むが, ある時刻や時間間隔で概念的に存在する対象をさすものとする.

表 1.1 では上から順に, 社会的, 技術的, 生物的ネットワークに大きく分けられ, それらのノードやリンクの構成要素 (何で作られているか) や機能目的 (何を伝達するか) によらず, **ある共通のつながり構造が存在する**ことを後述する. しかも

> その共通構造は, 過去に研究されてきた, 一様ランダムにノードをつなぐ数学モデルや規則的にノードをつなぐ正方格子などと異なるもので, 21 世紀初頭に発見された驚くべき事実でもある.

グラフ理論では, 頂点集合 $V = \{1, 2, \ldots, i, j, \ldots, N\}$ とノード i-j 間の辺集合 $E = \{e_{ij}\}$ を用いて (V, E) と表記される. 一般に, 「グラフ」は点のつながり方 (トポロジー) を議論する場合に, 「ネットワーク」はその上を何かが流れる場合を想定した網目の意味で用いられる場合が

1　「系」とは,　複数の要素が影響を及ぼし合って, ある機能を有する構成物をさし, 「システム」とも呼ばれる.

表 1.1 我々の身近に存在するさまざまなネットワーク．上段，中段，下段はそれぞれ，社会的，技術インフラ的，生物的ネットワークに大別される．

ネットワーク	ノード	リンク
知人関係	人（友達）	共通の興味、信頼の絆
企業関係	企業	部品の供給、資金提供、役員兼任など
論文引用	論文	共著関係
芸能界関係	俳優	共演関係
通信網	ルータなど通信機器	有線ケーブルや無線電波
インターネット	AS 拠点	拠点間のつながり
WWW	Web ページ	URL 参照
電力網	発電所や変電所など	送電線
物流網	配送センターなど	国道など拠点間の経路
鉄道網	駅	線路
航空網	空港	飛行航路
神経回路	神経細胞	神経線維
代謝系	遺伝子や蛋白質	生化学反応
食物連鎖	生物	捕食関係

多いようである．ここで，N 個の各ノードは番号を付けるだけでなく，$a, b, c, \ldots, u, v, \ldots$ など区別できる識別子 (ID:名前) を持てばよい．リンクに関しても同様に区別さえできれば名前の付け方は自由で，ただし，つながっていないノード間には対応する辺集合中の要素は存在しないものとする．また，無限個のノードなら無限グラフ，i から j へ一方通行であるような辺の方向性がある場合は有向グラフ，方向性がない場合は無向グラフと呼ばれる．本書では特に断らない限り，ノードの空間配置やリンクの重み（リンク長の距離など）を持たない，有限な無向グラフを考える．

このように概念的にグラフ表現されたネットワークにおいては，それらがコンクリートでできているのか，金属なのかアスファルトなのか，といった構成要素の物質的な性質にはこだわらずに，**「それらの要素がどのようにつながっているか」に着目する**．こうしたつながり具合のうち，全くデタラメで訳が分からないものではなく，後述する次数分布や次数相関などに関する何らかの（トポロジカルな/つながりの）構造的特徴をネットワーク構造と呼ぶ．

問題 1-1

我々の世の中に多岐に渡り種々のネットワークが存在して, 個々人の生活や社会をどう支えているかを示すため, できるだけ多くの例を列挙せよ.

1.1.2 ネットワークの基本的な指標

N 個のノードと M 本のリンクで構成されるネットワークを考える. 以下, ネットワークを表現する基本的な指標について述べる.

まず, 隣接行列と呼ばれる $N \times N$ 行列の各要素は, $1 \le i, j \le N$ に対して,

$$A_{ij} \stackrel{\text{def}}{=} \begin{cases} 0 & \text{ノード } i \text{ からノード } j \text{ へリンクしないとき} \\ 1 & \text{ノード } i \text{ からノード } j \text{ へリンクするとき} \end{cases},$$

で定義される[2]. 隣接行列 A を用いて各ノード i に対して, i に入るリンク数を表す入次数 k_i^{in} と, i から出るリンク数を表す出次数 k_i^{out} は, 以下のように定義される.

$$k_i^{in} \stackrel{\text{def}}{=} \sum_{j=1}^{N} A_{ji}, \quad k_i^{out} \stackrel{\text{def}}{=} \sum_{j=1}^{N} A_{ij},$$

無向グラフでは, A は対称行列, すなわち, $A_{ji} = A_{ij}$ なので, これら入次数と出次数は一致して単に次数 k_i と呼ばれる.

次に, 正整数 k 本のリンクを持つノードの存在割合は, 次数分布 $P(k)$ と呼ばれる. $P(k)$ は確率分布なので,

$$\sum_{k=k_{min}}^{k_{max}} P(k) = 1.$$

となる. ここで, $k_{min} \le k \le k_{max}$, k_{min} は最小次数, k_{max} は最大次数, 平均次数は $\langle k \rangle \stackrel{\text{def}}{=} \sum_{k=k_{min}}^{k_{max}} kP(k)$ である. 有向グラフの場合は, 入次数と出次数のそれぞれの分布 $P^{in}(k)$ と $P^{out}(k)$ を考えることになる.

また, 二つのノード i と j をつなぐ最短経路の長さは L_{ij} で表記され,

2　隣接行列はネットワークの概念的な表現方法の一つであることに注意が必要である. すなわち, 現実的な疎な結合: $M << N^2$ の場合は行列 A に多数のゼロ要素が存在するため, 数値計算する際にはリスト表現 [1] 等を用いた方が計算時間を短縮できて効率的である.

ネットワーク全体における平均経路長

$$L \stackrel{\text{def}}{=} \frac{2}{N(N-1)} \sum_{i,j \in V} L_{ij},$$

の大小で, 物資の輸送や情報通信の効率も議論される（若干異なる指標として 6.6.2 項を参照）. 通常は, 経路上のノードの経由数 +1 で定義されるホップ数で経路長が計数されることが多く, 二つのノード間の最短経路の中で最大長は直径 D と呼ばれる[3]. 最短経路長の平均のみならず, より詳しく, その頻度分布 $P(L_{ij})$, $L_{min} \leq L_{ij} \leq L_{max} = D$, を調べることもある.

さらに, 無向グラフにおいて, ノード i のクラスタリング係数 C_i として, k_i 本で可能な三角形の最大数 ${}_{k_i}C_2$ に対する三角形の存在頻度を表す,

$$C_i \stackrel{\text{def}}{=} \frac{i\text{を頂点に含む三角形の数}}{k_i(k_i-1)/2},$$

及び, ネットワーク全体のクラスタリング係数 C

$$C \stackrel{\text{def}}{=} \frac{1}{N} \sum_{i=1}^{N} C_i,$$

が, 平均経路長 L と同様に, 現実の多くのネットワークの共通構造を測る基本的な指標として考えられている.

1.1.3 社会インフラとしての重要性

今日, 通信, 物流, 電力, などの社会インフラ[4] が, 日々の経済活動や我々

3 次数分布 $P(k)$ に依存せず, ランダムにつながった（5 章で述べる次数相関が無い場合に相当する）木状の連結グラフの直径は $O(\log N)$ となる [2]. 逆に , 木状近似できない, ループが多数で支配的なネットワークでは, 直径は $O(\log N)$ になるとは限らない. 例えば, 一辺が $\sqrt{N}$ の正方格子では直径は $2\sqrt{N}$ となる.

4 内閣官房内閣サイバーセキュリティセンターが作成した資料では, 現代社会を支える重要インフラ 14 分野のほとんどが, ネットワークに関するものである.
https://www.soumu.go.jp/main_content/000655857.pdf
また, それらの制御システムが標的となる等々, さまざまな人為的攻撃で被害が既に起こっている.
https://www.ipa.go.jp/files/000073863.pdf
https://www.ics-lab.com/pdf/journal/28/journal-28-20200127.pdf

の社会生活を広く支えているのは明らかである．一方，経済取引，人の移動や物資の輸送，電気・ガス・水の供給，携帯電話や PC での情報通信，それらを制御するコンピュータ網は，お互い密接に関わっている．これらは全て**相互に関連・依存したネットワーク（のネットワーク）であり，日々の社会生活の維持と技術インフラの役割はもはや切り放しては議論できない**．例えば，地震や落雷あるいは（テロなどによる）意図的な攻撃等によってある箇所に停電が起こると連鎖的系統遮断を伴いながら停電が広がり，株や証券の取引はストップ，鉄道や飛行機は機能停止，信号も消え道路が混乱渋滞，物資供給が途絶えて生産活動や生活も困窮，いま何が起きているかを知るための通信も不通で，さらに別の場所にある発電所や変電所の制御システムがダウンすることで，被害はさらに拡大していく．

このような連鎖的被害は広く一般的にカスケード故障と呼ばれ，ノードやリンクの処理量が許容範囲を超える事が次々と起こって別の箇所に被害を広げる引金となるのが問題の本質にある（6.6.2 項も参照）．しかしながら，しきい値動作である為に理論解析が困難で，しかも，電力やインターネットだけの単一のネットワークの問題ではなく，相互に影響して被害が拡大する点でより深刻な問題をはらんでいる．近年，ネットワークの相互依存問題を議論する国際研究集会が開催され，経済学，情報工学，物理学など異なる分野の研究者が協調して取り組むべき課題であることが認識されている[5]．著名な学術雑誌の特集号でも，**我々を取り巻く複雑なネットワークシステムが抱える深刻な問題とその解決の重要性**が提起され，欧州などでは多額の研究投資が名言されている [3]．

こうした背景の一つとして，大規模災害がもはや絵空ごとではなく，実際にしかも頻繁に起きていることが挙げられる．例えば，2003 年 8 月の北米東部大停電がある [4]．きっかけは樹木接触による送電線の分断と考えられているが，そんな些細な出来事からは想像できない広範囲な被害が発生した．

同 2003 年 9 月にはイタリアでも大規模停電が起こり，通信網も巻き込

5　https://sites.google.com/site/netonets2011/Home
https://sites.google.com/site/netonets2011/Presentations

んだ相互依存的な被害が発生した [5]. すなわち, ある箇所の停電で別の箇所を制御するコンピュータシステムが停止することで, 新たな停電箇所が発生し, こうした相互の連鎖がイタリア半島中に広がったのである. 当然, 経済活動も社会生活も麻痺し, 金銭的損失だけを考えても莫大であったであろう. そこで欧米を中心に, こうした問題を引き起こすメカニズムの本質を探り, 効果的な対策を講じる為の研究が, 今まさに精力的に行われ始めている [6][7]. また, 2011 年 3 月に我が国で発生した東日本大震災では, 電力網, 通信網, 交通網などのネットワークの分断による機能不全のみならず, 首都圏など被災地から離れた地域における, 駅等に溢れる帰宅困難者, 水や乾電池の買い占め, ガソリン購入を急ぐスタンドにおける行列, などのパニック行動が発生したことも忘れてはならない [8].

地震, 津波, 大雨洪水, 台風などの自然災害は世界中で頻繁に発生し[6], 近年における地球規模の気候激変の影響からかますます巨大化する傾向にある. ゲリラ豪雨やゲリラ豪雪が日本全国どこで発生しても不思議ではない. そうした災害に伴って, 建造物破壊, （農業や漁業に不適切な）土地の荒廃, 物流停止, 停電, （システム障害等にもよる）交通や通信の障害などが発生し, 大きな被害をもたらしている. センサーや通信網が発達した現代なら, 情報入手や迅速な予測を行い, 災害の事前あるいは事後に対策を講じることで被害を食い止められる部分は少なからずあると考えられる. 東日本大震災では, ITS Japan とホンダ・パイオニア・トヨタ・日産の四社統合がボランティア的に収集した通行実績情報が救援物資の円滑な搬送等に役立った [9]. 一方, 移動基地局が複数台あっても, 設計図のない状況で無線通信網を構築する技術的知見がない為に, それらを被災地の何処に持っていたらよいのかが分からず困窮もした. このように,

応急処置すら対策が明らかでないが, 複雑に絡み合った大規模なシステムに対して, どのように対処すべきかに関する科学的指針すらないのが最も大きな問題

6　https://www.ibousai.jp/disaster/saigai_world.html
https://www.kaigai-shobo.jp/files/worldoffire/Disasters_2.pdf

である．それは，個々の利害が全体にさほど影響しなかった 20 世紀以前の社会や，専門分野ごとに分かれた要素還元の科学が直面してない問題である．ネットワーク科学の立場から，災害等による故障や悪意のある攻撃に対して，つながりを維持して伝達機能を損なわない，強固な耐性を持つ構造をどのように設計すればよいかについては，5 章で議論する．

1.1.4　共通する性質：小さな世界と Scale-Free

人の絆はもちろん，携帯通信機器で繋がった人間関係は目に見えない．電力網やインターネットでは送電線や通信ケーブルを目にすることがあるものの，せいぜい身近なほんの一部で全体像の詳細は分からない．地図や路線図から全体像が把握できるのは，道路網，鉄道網，航空路線網など限られている気がする．しかも，それらとて何となくそれぞれ複雑な形をしている程度で，特に"共通する性質が存在する" とは普通は考えることすらしないだろう．元々，別々の要素で構成された，目的や機能も違う対象物なので．しかしながら，実際に共通する性質が存在するのである．

まず，人々が知人を介してどの程度で繋がっているのか?に関して，1967 年の社会学者 Milgram が行った手紙リレーの実験結果について触れておきたい ([10] の第一章の三を参照)．わずか 50 年ほど前ではあるが，この研究は，人類が知人関係のネットワークを科学的に解明しようとした最初の試みであって，我々の身近な現象で未だ分かっていない事は案外多いと言えよう．この手紙リレーの実験方法をかいつまんで説明すると，あらかじめ決めた届け先のある人（ターゲット）の，氏名，職業，就労地名，出身大学等の情報を頼りに，適当に別地域から選ばれた（ターゲットとは全く見ず知らずの）人から，その人の知人の中からできるだけターゲットに到達しそうな人に手紙の仲介を託して，これをリレー方式で続けていく．途中で途切れた場合を除いて，当時，米国における約 2 億人の中，驚くことに平均的に $5 \sim 6$ 人で届いたのである．**世間は狭く，我々は意外に小さな世界に居る**と言えよう．しかしながら，何億人も居る人々の中で，全く見ず知らずにもかかわらず，数人の知人を仲介するだけで何故届くのか?その理由を解明するには社会学とは別分野の研究者が参入するまでの"時"が必要であった．

現実のネットワークの分析から離れれば，何世紀も前から数学やコンピュータ科学（グラフ理論等）においてネットワークは研究されてきた．ただ，ノード間を一様ランダムにつなぐ Erdös-Rényi(ER) ランダムグラフ [11] や，碁盤目の正方格子のような規則的なネットワーク（正則：レギュラーグラフと呼ばれる）が暗黙に仮定されていて，ネットワークのモデルとしてそれらが妥当であるかどうか，長い間誰もそれに疑問を持たなかった．

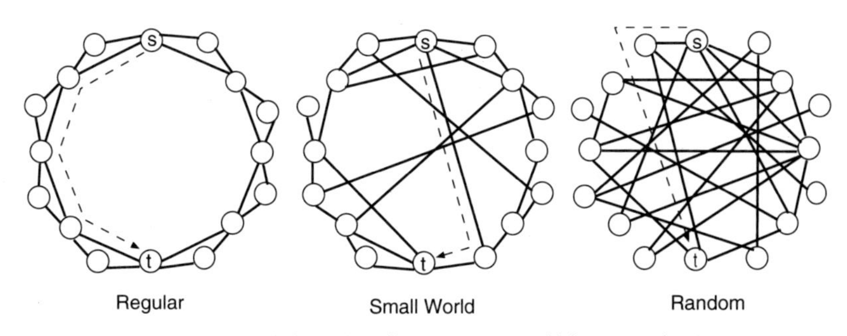

図 1.1　SW モデル（中央），規則的ネットワーク（左），ランダムネットワーク（右）[10]．点線は始点 s と終点 t の間の最小ホップ経路を示す．

ところが，現実のネットワークには，それら両方のネットワークの性質が混在するのである．すなわち，図 1.1 左に示すように，自分の友達の友達はまた自分とも友達といった三角形のつながりが数多く存在する[7]一方で（例えば対岸のノードへの）ノード間の仲介数が大きくならず，図 1.1 右に示すように，一気に遠くのノードにまで到達できる"小さな世界" を形成する[8]．このように，現実のネットワークの結合形態は一様ランダムでも規則的でもどちらでもないことから，図 1.1 中央に示すような，規則的なネットワークから確率 $0 < p < 1$ の少数割合だけランダムにリンクを張り替える Small-World(SW) モデルが 1998 年に提案された [12, 13]．図 1.1 中央

7　クラスタリング係数 C の値が大きいことに相当する．

8　平均経路長 L の値が小さいことに相当する．より詳しくは，サイズ N の横軸 $\log N$ に対する縦軸 L が直線近似できる $L \approx O(\log N)$ のとき，SW 性を持つ．

では, 大多数の三角関係を残したまま, ランダムリンク等で対岸へも短い仲介数で到達できる. この二つの性質が現実の多くのネットワークと共通する.

ちょうど前世紀末の同じ頃, コンピュータの性能向上で大規模なデータ解析が可能になった事も幸いして, World-Wide-Web(WWW), 論文引用関係, インターネットのルータ接続などの実データから, 現実のネットワークの構造を次数分布 $P(k)$ の違いとして調べる研究が物理学者やWeb 科学者を中心に盛んに行われた. そこから明らかになったのは,

現実の多くのネットワークに共通する性質として [14, 15], その次数分布がべき乗則に従う Scale-Free(SF) 構造を持つこと

であった [16, 17]. すなわち, 表 1.1 に示す実データにおいて次数 k のノードの頻度 $P(k)$ は, 両対数グラフの直線式 $\log P(k) = -\gamma \log k + \log C$ にべき指数 $2 \leq \gamma \leq 3$ でよくフィットし, べき乗次数分布 $P(k) = Ck^{-\gamma}$ に従うと推定された. これは直感的には, **大多数の低次数ノードと極少数の高次数ノード（ハブ）でネットワークが構成される**ことを意味する.

次数に限らず一般にフラクタル物理で知られた概念として, 以下の二つの性質から, ある量 x のべき乗分布 $P(x) = Cx^{-\gamma}$ は SF であると言う [18]. C は確率分布として $\sum_x P(x) = 1$ を満たす為の正規化定数である.

- 長さの [cm] 単位を [mm] 単位で測るなど, 定数 A による尺度の変換 $x = Ay$ を施しても, $P^*(y) = C(Ay)^{-\gamma} = C^* y^{-\gamma}$, $C^* = CA^{-\gamma}$, と同じべき指数 $-\gamma$ を持ち分布の形が変らない. 言い換えれば, 両対数グラフのある部分を拡大しても相似形となる.
- 正規分布などのように, 頻度の高い平均値 $\langle x \rangle \stackrel{\mathrm{def}}{=} \sum_{x'} x' P(x')$ が分布中の代表的な値とはならず, べき乗分布の長い裾野には平均値とは大きく掛け離れた値も存在して, スケール尺度が定まらない（フリーである）.

この SF 性は SW モデルでは説明できない. 何故なら, ER ランダム

グラフの次数分布は正規分布に似た釣り鐘型の Poisson 分布に従い [19], SW モデルの次数分布も規則的なネットワークの一定次数から確率 p のリンク張り替えで分布が若干広がるものの, 極端に裾野が長いべき乗分布とは両者とも全く異なる. 一方, SF ネットワークにおけるノード間の経路は, ハブを経由すれば少ない仲介数となり, 短い経路の意味での SW 性を持つ（三角関係の存在は保証されない）. ちなみに, べき乗則は, 経済学では Pareto の法則あるいは, **ロングテールの法則**を表すものとして知られている [14, 15].

異なる対象にも関わらず現実の多くのネットワークにおいて, 次数分布がべき乗則に従う SF ネットワークが何故できるのか?, その基本となる自己組織化的な生成原理については次節で説明しよう.

問題 1-2

次節で説明するネットワークの生成モデルからではなく, 現実のネットワークから次数分布の推定をする際, 計測したデータのバラ付き等から, Poisson 分布, べき乗分布, 指数分布などに完全に一致することはない. そこで, これらの分布を具体的にどのような手法で推定するのか?またこうした推定にあたって注意すべき点を説明せよ.

1.2　共通構造の生成規則：優先的選択

本節では, 成長するネットワークの基本モデルとして, 次数に比例した確率でノードにリンクが追加される利己的な優先的選択に基づくネットワーク構築法を紹介する（図 1.2）. さらに次節では, 次数への比例よりも強くあるいは弱くノードが選択される場合の, 次数分布の変化について示す.

Barabási-Albert(BA) モデル [21] は, **次数に比例した確率でノードにリンクが追加される優先的選択に従って成長する SF ネットワークの典型的モデル**として知られている. 優先的選択は例えば, 国内航空網において新規航路を開設する際, 全国各地への多くの乗り継ぎ便を持ったハブであ

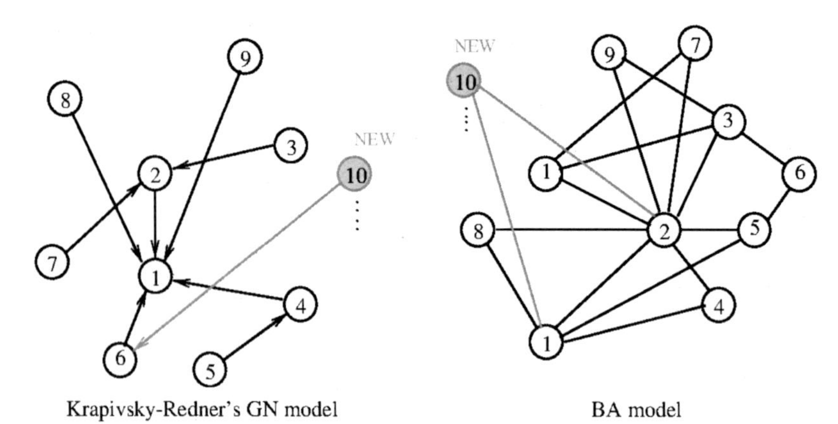

図 1.2　GN 木 [20]（左）と毎時刻に追加されるリンク本数 $m=2$ の BA モデル [21]（右）．ノードの番号は新ノードとしての挿入時刻を表す．

る羽田空港に乗り入れると便利なので，こうした新規開設する自分にとって有利な接続相手を利己的に選ぶことに相当する．ノードを人に，リンクを経済取引から得るお金に対応付ければ，**優先的選択は，"金持ちはより金持ちになる (rich get richer)" 法則**に読み替えられる．世の中の所得の分布が，極一部の金持ちと，大多数の貧乏人で構成される，べき乗分布に従うことにも対応する [22]．このように，

> **優先的選択は単なるネットワーク生成モデルの基本的規則に留まらず，ある種の利己原理を個々人が持てば，例え全体への影響を意図しなくても不平等な世界な世界が生じ得る**

ことを示唆していると言えよう[9]．

この利己的な生成原理に従って，BA モデルでは図 1.2 右のように，毎時刻に 1 個の新ノードと m 本のリンクを追加して成長していく，以下の手順が考えられている．

9　例えば，Simon と Price のモデルを現代風にアレンジした解説 [23, 24] を参照．

Step 0: 次数 0 の孤立ノードがない, $N(0)$ 個のノードが連結した初期構成を考える. m 本以上の結合先ノードが存在する条件 $N(0) \geq m$ より m ノードの完全グラフが用いられることが多い.

Step 1: $t = 1, 2, 3, \ldots$ の毎時刻に新ノードを 1 個追加して, 新ノードから既存のネットワーク中のノードに m 本のリンクを張る. その際、各ノード i はその次数 k_i に比例した確率 $\Pi_i \propto k_i$ で選択され, この操作を m 回行う. ただし, ノード自身への自己ループや同じノードペアを複数回選択する多重リンクは禁止する（別のノードを上記の確率で選び直す）.

Step 2: 所望のノード数 (あるいは時刻) になるまで, Step 1 を繰り返す.

Barabási らは, 現実のネットワークにおける生成プロセスと対比した BA モデルの妥当性として,

1. 総ノード数は一定でない: さまざまなネットワークは, 新ノードの追加によって絶え間なく大きくなる.
   例: 俳優間ネットワークでは新しいタレントが常に出現, WWW では新しい頁が日々追加, 引用ネットワークでは新しい論文が次々出版.
2. リンク先の選択は一様でない: 既に多くのリンクを持つノードに高い確率でリンクが追加される.
   例: 俳優間ネットワークでは新人は有名なスターと共演, WWW では新しい頁は良く知られたサイトをリンク, 引用ネットワークでは引用数の多い論文がさらに引用される傾向がある.

ことを挙げている[10].

もちろん, 上記の 1. と 2. は, 現実の多くのネットワークの次数分布がべき乗則 $P(k) \sim k^{-\gamma}$ に従う, その普遍性を説明するための原理モデルとしての解釈であって, 個々のネットワークにおける詳細な性質までをも再現

10 以前はネット公開されていたプレゼン資料"Emergence of Scaling in Random Networks"の Slide12 に記載.

するにはそれぞれの生成プロセスをさらに考慮しなければいけない．また，次数分布のべき乗則は，成長しないモデル [25]（第1章）や，利己性のないランダムなリンク先の複写モデル [26, 27, 28] でも創発することに注意は必要である．すなわち，**SF となるために，成長と優先的選択（利己性）は BA モデルでは必要だが，他の生成規則では少なくとも表現上は不可欠とは限らない**のである[11]．

1.3　利己性の強弱による構造変化

図 1.2 左のように，各時刻に追加される新ノードから優先的選択に従って選ばれた既存ノードに1本ずつリンクされて成長していく Growing random Network(GN) 木モデル [20, 29, 30] を考えよう．この場合，ネットワークは木となり（有向辺と解釈すれば出リンクは常に1本），多重リンクは起きず，k と k' を持つノード間の次数相関なども解析的に導出できる．

時刻 t における次数 k のノード数を $N_k(t)$，次数 k のノードにリンクが追加される確率を $A_k/A(t)$ として，レート方程式

$$\frac{dN_k(t)}{dt} = \frac{A_{k-1}N_{k-1}(t) - A_k N_k(t)}{A(t)} + \delta_{k,1}. \tag{1.1}$$

を考える．ここで，定数 A_k は結合核 (connection/attachment kernel), $A(t) \stackrel{\mathrm{def}}{=} \sum_{j\geq 1} A_j N_j(t)$ は正規化因子，$\delta_{i,j}$ はクロネッカーのデルタと呼ばれ $i=j$ の時は1で $i \neq j$ の時は0となる．

以下，$A_k = k^{\nu}$ として，1.3.1 項 次数に比例した優先的選択の線形核：$\nu = 1$ の場合，1.3.2 項 弱い利己性の劣線形核 (sublinear kernel)：$0 < \nu < 1$ の場合，1.3.3 項 強い利己性の優線形核 (superlinear kernel)：$\nu > 1$ の場合に分けて，次数分布の違いを概説する．1.3.1 項 次数に比例する優先的選択よりもハブの選ばれやすさが，1.3.2 項 弱いと次数の増大が抑えられて分布の裾野が指数的に減衰し，1.3.3 項 強いと巨大ハブによる

11　実質的な意味で，利己性がなくても優先的選択と等価な操作を行うことに相当して，SF 構造は創発し得る．複写モデル [26, 27, 28] はそうした例である．

リンクの独占で星型ネットワークが形成される．表 1.2 に示すように，パラメータ ν の値は利己性の度合いに相当すると考えられる．一方，$\nu = 0$ の利己性が無いときは 1.3.4 項 ランダム選択による指数分布となり，上記と合わせると，

ν の値に応じて，指数分布からべき乗分布を経て，独り勝ちとなる次数分布の連続的変化

が理解できよう．表 1.2 に，これらの結果をまとめる（図 1.3 も参照されたい）．

表 1.2　利己性の度合いに従った次数分布の連続的変化

利己性	無 $\nu = 0$	弱 ← $0 < \nu < 1$	優先的選択 $\nu = 1$	→ 強 $\nu > 1$
分布	指数 (片対数の直線)	カットオフ付 べき乗 sublinear	べき乗 linear (両対数の直線)	独占状態 superlinear
ハブ の有無	ハブ無	最大次数が抑制	ハブ創出	巨大ハブ
項	1.3.4	1.3.2	1.3.1	1.3.3

1.3.1　次数に比例する優先的選択：べき乗分布

優先的選択として次数に比例したリンク獲得を表す $A_k = k$ のときは，$A(t) = \sum_{j \geq 1} jN_j(t) = 2t$: 総リンク数となり，式 (1.1) から $N_1 = 2t/3$ と $N_2 = t/6, \ldots$ を得る．したがって，より一般に $N_k = t \times P(k)$ となる．

これらを式 (1.1) に代入して整理すると，

$$P(k) = \frac{k-1}{k+2} \times P(k-1) = \frac{4}{k(k+1)(k+2)} \sim k^{-3},$$

が近似的に得られる（$m = 1$ の BA 木に相当）．$\sim$ は k が大きいとき，漸近的に等しいことを表す．本節ではレート方程式による解法を示すが，他

にも別解法が知られており，それらを付録 A.1 に掲載する．

一方，BA モデルのある種の拡張として，べき指数を 3 以外でも調整可能な SF ネットワークの生成モデルが種々考案されており，書籍 [31] に整理されている．

1.3.2　弱い利己性：指数的カットオフ付き べき乗分布

$A_k = k^\nu$, $0 < \nu < 1$ の場合を考える．ここで，次数分布と $A(t)$ が時間に伴って形を変えずに線形に成長すること，すなわち，$N_k = t \times p_k$, $A(t) = \mu t$ と仮定する．

式 (1.1) より得られる，$P(0) = 0$, $P(1) = \mu/(\mu + A_1)$, $P(k) = P(k-1)A_{k-1}/(\mu + A_k)$ を反復適用すると，

$$P(k) = \frac{\mu}{A_k}\Pi_{j=1}^{k}\left(1 + \frac{\mu}{A_j}\right)^{-1},$$

を得る．上式より例えば，$1/2 < \nu < 1$ では，

$$P(k) \sim k^{-\nu}\exp\left[-\mu\left(\frac{k^{1-\nu} - 2^{1-\nu}}{1-\nu}\right)\right],$$

のように，**べき乗の次数分布から裾野の頻度が急激に下がる指数的カットオフを持つ** [19, 20, 29].

1.3.3　強い利己性：巨大ハブによる独占状態

$A_k = k^\nu$, $\nu > 1$ の場合を考える．特に，$\nu > 2$ のとき，**初期に挿入されたノードにリンクが集中する独占状態**が起こる．以下，独占状態を考える．

N 時刻後に新ノードが初期ノード i_0 にリンクする確率は，次数 $k = N$ の中心ノード i_0 と次数 $k = 1$ の N 個の末端ノードでネットワークが構成されていることから，$N^\nu/(N + N^\nu)$ となる．これより，十分時間が経過した後で（星型のネットワークとなる）独占状態が起こる確率は，

$$\mathcal{P} = \Pi_{N=1}^{\infty}\frac{1}{1 + N^{1-\nu}},$$

となる．よって，$1 < \nu \leq 2$ ならば $\mathcal{P} = 0$ で（独占状態はまず起り得ない），一方 $\nu > 2$ ならば $\mathcal{P} > 0$ となり得ることがわかる．

時刻 $t < k$ では次数 k まで成長していないので，$N_k(t) = 0$ となること

を用いて式 (1.1) から,

$$N_k(k) = \frac{(k-1)^\nu N_{k-1}(k-1)}{M_\nu(k-1)} = N_2(2) \times \Pi_{j=2}^{k-1} \frac{j^\nu}{M_\nu(j)},$$

$$M_n(t) \stackrel{\text{def}}{=} \sum_{j \geq 1} j^n N_j(t), \quad \nu > 2,$$

となる. このとき, $M_n(t) \propto t^\nu$ となることから,

$$N_k(t) = J_k t^{k-(k-1)\nu}, \quad k \geq 1, \tag{1.2}$$

$$J_k \stackrel{\text{def}}{=} \Pi_{j=2}^{k-1} j^\nu / [1 + j(1-\nu)],$$

を得る. 式 (1.2) より, $\nu > 2$ のとき, $k \geq 2$ の $t^{k-(k-1)\nu}$ が $t \to \infty$ でゼロ, すなわち, 次数 2 以上のノードはほとんど存在せず, 星型の独占状況となる. 同様に, $2 > \nu > 3/2$ のとき, 次数 3 以上のノードは存在せず, また $3/2 > \nu > 4/3$ のとき, 次数 4 以上のノードは存在しない. 一般に, $\kappa/(\kappa-1) > \nu > (\kappa+1)/\kappa > 1$ のとき, 次数 κ 以上のノードは存在しないことがわかる.

以上のように, fitness による独占 [32] と類似した強いリンク獲得力によって, $\nu > 2$ では星型, $1 < \nu < 2$ ではその値に応じて限定された次数のみを持つノードでネットワークが構成される.

1.3.4 利己性がないとき：指数分布

式 (1.1) で $\nu = 0$ の一様ランダム選択のときは Growing Exponential Netwok(GEN) モデル [33, 34] と呼ばれて $A_j = 1$, 毎時刻 t に 1 個の新ノードが追加されるので $A(t) = \sum_j N_j(t) = t$ より,

$$N_k(t+1) - N_k(t) = \frac{N_{k-1}(t) - N_k(t)}{t} + \delta_{k,1},$$

と表される. 上記に $P(k,t) = N_k(t)/t$ を用いて連続時間の近似をすると,

$$\frac{\partial P(k,t)}{\partial t} + P(k,t) = \frac{\partial t P(k,t)}{\partial t} = P(k-1,t) - P(k,t) + \delta_{k,1},$$

となる. $t \to \infty$ における定常分布 $\frac{\partial P(k,t)}{\partial t} = 0$ を考える[12]と,

12　ただし, 成長するネットワークの次数分布がいつも定常分布を持つとは限らず, 注意が必要である.

$$2P(k) - P(k-1) = \delta_{k,1}, \tag{1.3}$$

より，指数分布 $P(k) = 2^{-k}$ を得る．式 (1.3) の両辺に k を掛けて和を取り整理すると，平均次数:

$$\langle k \rangle = \sum_k kP(k) = 2,$$

となる．

一方，時間 $\Delta t = 1$ ステップ分の変化を表す差分方程式 (1.3) を変数 k と t で連続近似した

$$\frac{dP(k)}{dt} = -P(k),$$

を考える．指数関数の微分 (導関数) は指数関数なので，この微分方程式の解は $P(k) = C_{exp}e^{-k}$ となり，誤った次数分布を与えることから注意しなければならない [34]．これは差分方程式とその連続近似の微分方程式で解に差が生じる例であるが，どの段階で近似を行えばよいかは一般に判断が難しく，実際にネットワーク生成した数値シミュレーションで正しい次数分布を確かめておく必要がある．

また補足事項ではあるが，上記のランダム選択で生成される指数分布は，ER ランダムグラフで生成される Poisson 分布と（特に分布の頭部分における低次数ノードの存在頻度で）異なるものの，最大次数が抑えられてハブと呼べるノードが存在しない点では似ていて，ネットワークの結合耐性などは類似する．

問題 1-3

次数分布が，べき乗分布 $P(k) = C_{pow}k^{-\gamma}$，指数分布 $P(k) = C_{exp}e^{-\alpha k}$，のとき，最大次数 k_{max} の近似値がそれぞれ，$O(N^{\frac{1}{\gamma-1}})$ と $O(\log N)$ になることを導出せよ．特に，BA モデルでは $\gamma = 3$ より $O(\sqrt{N})$ となり，いくつかの具体的に大きな N の数値で $O(\log N)$ と比較してハブの存在を示せ．ここで，C_{pow} と C_{exp} は確率分布としての正規化定数，$\gamma, \alpha > 0$ はパラメータ指数である．

1.4 逆優先的選択による平等化

優先的選択では，強者に相当する高次数ノードにリンク追加しているが，逆に弱者に相当する低次数ノードにリンク追加すると，次数分布はどのように変化するのであろうか? 結論を先に述べれば，こうした**逆優先的選択に従うと，次数分布の分散（バラツキ）が小さくなって次数の格差が少なくなる**．

ネットワークにおけるつながりの構造，とりわけ次数分布によって結合耐性や通信・輸送の効率などが特徴づけられる

が，これまでの多くの研究は次数分布が，Poisson 分布に従う ER ランダムグラフと，べき乗分布に従う SF ネットワークの二つに集中している．前節における GN 木は，指数分布とべき乗分布を連続補間するものの，それらの結合耐性や通信・輸送の効率などは議論されていない．例外的に，二種の次数 k_1,k_2 から多種の次数 $k_1, k_2, \ldots, k_{mo}$ の分布そしてべき乗分布 $P(k_i) \sim k_i^{-\lambda}$, $\lambda = -\frac{\ln a}{\ln b} + 1$ に変化する以下の特殊なクラスの多峰性 (multimodal) ネットワークでは，不慮の故障に相当するランダムなノード除去と典型的な悪意な攻撃の次数順のノード除去に対するそれぞれの最大連結成分の崩壊の閾値の和が，二種の次数による二峰性 (bimodal) ネットワークで最も大きくて最適な結合耐性[13] を持つことが解析されている [35].

$$
\begin{aligned}
&P(k_i) \stackrel{\mathrm{def}}{=} r_i k_i, \\
&r_i \stackrel{\mathrm{def}}{=} r_1 (1/a)^{(i-1)}, \quad a > 1, \\
&k_i \stackrel{\mathrm{def}}{=} k_1 (1/b)^{(i-1)} \quad 0 < b < 1.
\end{aligned}
$$

$i = 1, 2, \ldots, mo$ に対して，次数 k_i の頻度 r_i は $1/a$ 倍で小さくなり，k_i は $1/b$ 倍で大きくなり，$r_1 > r_2 > \ldots > r_{mo}$, $k_1 < k_2 < \ldots < k_{mo}$ となる．

13　最適な結合耐性（最適耐性）については主に 5 章で議論する．

逆優先的選択のネットワーク成長によって，指数分布よりもさらに分散が小さく分布の幅が小さい（より格差が小さい）次数分布となることで，結合耐性や通信・輸送の効率などが大幅に改善される. そのことを, 5.6 節では攻撃に対する最適耐性として示す. また 6.6 節では連鎖的なカスケード故障への強固な耐性としても示す.

さて, BA モデル [21] と同様に毎時刻に新ノードを追加して成長していくが, 新ノードから既存のノード i には逆優先的選択として $k_i^{-\beta}$, $\beta > 0$, に比例した確率で m 本リンクする生成原理 [36] を考えよう.

一般に, 次数 κ の非線形関数 $f(\kappa)$ に比例した確率で選択的にリンクするとき, 次数 k のノードの割合は平衡解として,

$$P(k_{min}) = \frac{N_{k_{min}}}{N} = \frac{N_{k_{min}} + 1 - mP(k_{min})f(k_{min})/\langle f \rangle}{N+1},$$

となる. ここで, 期待値を $\langle f \rangle \stackrel{\mathrm{def}}{=} \sum_{k=k_{min}}^{k_{max}} f(k) \times P(k)$ と表記する. 上式の右辺分子の第 1 項はその時点で存在する最小次数 k_{min} のノード数, 第 2 項は 1 個の新ノードによる増加分, 第 3 項は最次数 k_{min} のノードにリンクされて次数 $k_{min}+1$ になる減少分をそれぞれ表す. 上式を解くと,

$$P(k_{min}) = \frac{\langle f \rangle}{\langle f \rangle + m \times f(k_{min})},$$

を得る. 同様に,

$$\frac{N_k}{N} = \frac{N_k + mP(k-1)f(k-1)/\langle f \rangle - mP(k)f(k)/\langle f \rangle}{N+1},$$

より, 漸化式

$$P(k) = \frac{mf(k-1)}{\langle f \rangle + m \times f(k)} P(k-1),$$

を得るので, 次数分布は

$$P(k) = \frac{\langle f \rangle}{\langle f \rangle + m \times f(k_{min})} \Pi_{\kappa=k_{min}+1}^{k} \frac{m \times f(\kappa - 1)}{\langle f \rangle + m \times f(\kappa)}, \tag{1.4}$$

と導出される [37]. 式 (1.4) の $f(\kappa)$ に $\kappa^{-\beta}$ を代入すると,

$$P(k) = \exp\left[\ln\left\{\frac{\langle f \rangle}{\langle f \rangle + m \times f(k_{min})} \Pi_{\kappa=k_{min}+1}^{k} \frac{m \times f(\kappa-1)}{\langle f \rangle + m \times f(\kappa)}\right\}\right]$$

$$= \exp\left[\sum_{\kappa=k_{min}+1}^{k}\{\ln(m)+\ln(\kappa-1)^{-\beta}-\ln(\langle f\rangle+m\times\kappa^{-\beta})\}+C'\right],$$

となる. ここで, $C' \stackrel{\mathrm{def}}{=} \frac{\langle f\rangle}{\langle f\rangle+m\times f(k_{min})}$ とする.

上式において, 定数 C' と $\ln(m)$, 及び, $k_{min}+1 \leq \kappa \leq k$ に対する $\ln(\langle f\rangle + m\times k_{min}^{-\beta}) > \ln(\langle f\rangle + m\times\kappa^{-\beta})$ は支配的ではなく無視できるので, 残った部分の離散和を連続変数近似すると, 次数分布 $P(k)$ における十分大きい $k \gg 1$ に対する裾野部分が

$$\exp\left[\int_{k_{min}}^{k-1} -\beta\ln(\kappa)d\kappa\right] \sim e^{-\beta k\ln k},$$

と近似的に推定される [36]. すなわち, **逆優先的選択では, 次数が大きいノードの存在頻度が急激に下がって分布の幅は狭くなる**.

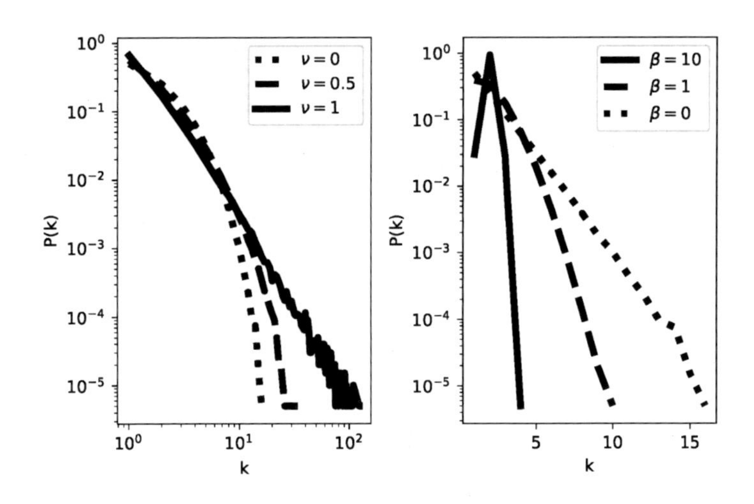

図 1.3 次数分布の連続的変化. $N = 1000$, $m = 1$ の 100 平均.

図 1.3 左は両対数のグラフで, べき乗分布 ($\nu = 1.0$), 指数的カットオフ付き べき乗分布 ($\nu = 0.5$), 指数分布 (($\nu = 0.0$) に, 図 1.3 右は片対数のグラフで, 指数分布 ($\beta = 0$) から β の値が大きくなるほど次数分布が狭

くなっていく様子を示す[14]. 特に, β の値が十分大きいと, ほとんどのノードの次数が $2m$ となってレギュラー化したネットワークに成長する.

ただし, β の値が大きいときの逆優先的選択では鎖状構造となって, ネットワークの直径が大きく $O(N)$ になる点に注意が必要である [36]. 以下, 鎖状構造となることを解析的に示す.

最も極端な $\beta \to \infty$ のときは最小次数選択となり, 時刻 t で挿入された新ノードは図 1.4 のように, 時刻 $t-1$ から $t-(m-1)$ に挿入された次数 m から次数 $2m-2$ のノードにまず結合する. 自己ループや多重リンクを禁止してるので, 毎時刻に次数は１つずつしか増えないことから, これらのノードは１個ずつ存在する. m 本中の残りの１本は, 複数存在する次数 $2m-1$ のノード（のどれか）に結合する. 図 1.4 は, 最も古株の時刻 $t-\Delta t$ に挿入されたノードに結合した場合を示す. また毎時刻 m 本なので, 次数 $2m$ より大きいノードは存在し得ない.

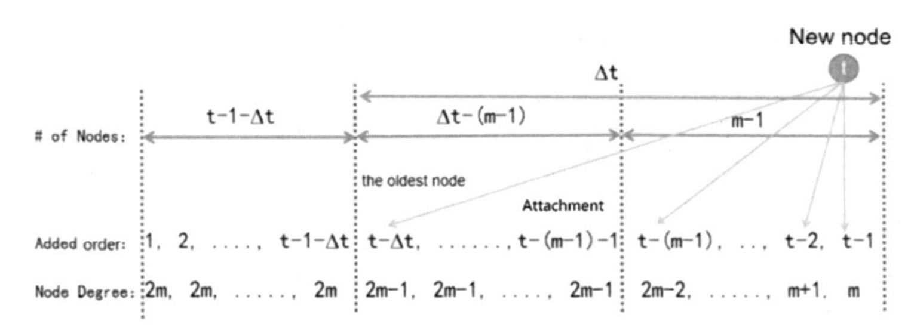

図 1.4　最小次数選択による新ノードの結合先. 上段 3 区間のノードの個数, 中段 挿入された時刻（順番）, 下段 そのノードの時刻 t での次数をそれぞれ表す. [36] より.

このとき, 時刻 t での次数和は, $t=0$ の初期ノード数 $N(0)$ と初期リンク数 $M(0)$ から毎時刻 m 本ずつ増えるリンクの両端の次数により,

$$\begin{aligned} 2M(0)+2mt &= 2m(N(0)+t-\Delta t)+(2m-1)(\Delta t-m) \\ &\quad + \textstyle\sum_{k=m+1}^{2m-2+1} k+m, \end{aligned} \tag{1.5}$$

14　両対数と片対数のそれぞれで直線近似できれば, べき乗分布と, 指数分布と見なせる.

となる．式 (1.5) の右辺第 1 項と第 2 項は次数 $2m$ と次数 $2m-1$ のノードの次数和，右辺第 3 項は次数 $m+1$ から $2m-2+1$ の和[15]，最後の第 4 項は新ノード自身の次数 m 分である．

式 (1.5) を Δt について解くと

$$\Delta t = 2mN(0) - 2M(0) - \frac{m(m-1)}{2},$$

となり，初期完全グラフでは $N(0) = m+1$ 及び $M(0) = \frac{m(m+1)}{2}$ なので，上式にこれらを代入すると，

$$\Delta t = \frac{m(m+3)}{2} > m,$$

となる．すなわち，次数 $2m-1$ のノードの個数は，時刻 $t-1$ から $t-m-1$ に挿入された $m-1$ 個分を引き算した $\Delta t - (m-1) > 1$ となって複数存在することが分かる（図 1.4 も参照）．こうした議論から，各ノードは自身より Δt 時間前に挿入されたノードには結合せず，言い換えれば，ネットワークの直径が $N/\Delta t$ 程度の鎖状構造となるのである．

問題 1-4

（自己都合の利己的な）優先的選択，（何の意図もない）一様ランダム選択，（助け合い的な）逆優先的選択に従う生成原理による連続的な次数分布の変化から，格差のある不平等と平等，強者と弱者への与える機会などを考え，どういう意味からより望ましい世の中になるべきかを論ぜよ．

15　等差数列の和の公式を思い出そう．

第2章

データ分析としての基礎

さまざまな関係性を持つデータの分析手法として役立つ，コミュニティ抽出（クラスタリング）や中心性分析を紹介する．特に，ネットワークの中心的ノードを探し出すことは，権力者や橋渡し役のみならず，Web 検索や口コミ情報拡散などに関する重要技術になり得る点も理解されたい．

2.1　関係性データ分析について

携帯電話やインターネットが広く普及するのに伴って，人々の購買履歴，移動履歴，検索履歴等の大量のデータを分析して企業のマーケティング等に活用することが近年特に重要視されている（例えば文献 [38]）．世界中で生成されるデータの量は指数関数的に年々増大していることも，その活用機会を与える背景にあると考えられる．ところで，データは単に集めるだけでは意味がなく，分析に使える形に変換することはもちろん，集まったデータを使う目的を事前に考えておくことが必要である．

データ分析を目的的に分類すると，予測型，異常検知型，最適化型，自動化型，判断型，発見型，リスク計量型，社外データ活用等が挙げられる [39]．中でも，口コミ分析，アクセスログ分析，コミュニケーション分析，商品分析の手法を用いる発見型のデータ分析は**（関係性が目に見えないものの）ネットワーク分析**と言える．

例えば，人々の行動履歴から，訪れた場所や購入物，出会った人々や行動目的等をノードとして，それらを同時共起など何らかの行為で関係づけたリンクで表現すれば，ネットワーク（関係性グラフとも呼ばれる [39]）となる．こうした行動履歴を多数集めれば，共通の消費傾向等を探ることが可能となる．同様に，SNS やブログ等へのネット書き込み，商品のマーケティング用のアクセス履歴，気象情報とスマートセンサ等からの電力量等の履歴も，ネットワーク型データとして分析対象となり得る．1.1.2 項に紹介したネットワークの基本量としての次数やホップ数による距離などの指標を用いるだけでも，意外性，特異性，共感性，話題性等々の分析が可能と考えられている [39]．さらに，本章で紹介する，コミュニティ抽出や中心性を用いれば，より詳細な分析が可能となる．

ネットワーク内で，部分的に密につながった塊としてグループ分けを行い，それら各グループ（クラスターまたはコミュニティとも呼ばれる）ごとの何らかの傾向を調べると有意義なことが多い．例えば，商品と購入者をノードとしたとき，似たような商品を購入してる購買層のグループに共通する年齢層や地域等（これらはネットワークを規定するデータとは別のデータから得られる属性かも知れないとしても）が，次に展開する商品戦略に役立つことなどが考えられる．こうした理由から，コミュニティ抽出はネットワークのデータ分析によく用いられる．

その代表的な抽出法においては，以下のモジュラリティ Q を最大化するようにコミュニティを抽出する [19].

$$Q \stackrel{\text{def}}{=} \frac{1}{2M} \sum_{ij \in V} \left(A_{ij} - \frac{k_i k_j}{2M} \right) \delta_{g_i g_j}, \tag{2.1}$$

ここで，g_i と g_j はそれぞれノード i と j が属するコミュニティ番号等の ID を表し，$\delta_{g_i g_j}$ はクロネッカーのデルタである．式 (2.1) の最大化は，$g_i = g_j$ で同じコミュニティに属するノード i と j では，それらの次数 k_i と k_j に従って全くランダムにつながる可能性を表す式 (2.1) の右辺第 2 項よりも実際のつながりを表す右辺第 1 項ができるだけ大きくなるように，i や j のコミュニティを割り当てる（g_i と g_j を決める）ことだと解釈できる．コミュニティ抽出は，クラスタリング [40, 41] の一種とも見做せて，行列分解 [42, 43] やスペクトル法（付録 A.6 参照）の他に，さまざまなアルゴリズムが考案されている [19, 44]（書籍の第 3 章）．

一方，入力として与えたネットワークを可視化するツールとして，Pajek[1], NetworkX[45, 46], Gephi[46], Cytoscape[2], graph-tool[44]（書籍の第 1 章）等がある．これらは次節で紹介する中心性など，基本的な既存の指標を計算して可視化してくれるなど便利である．

問題 2-1

ビジネス上の販売促進等ではなく，（お金儲けが目的でない）世の中に役立つための，関係性データ分析の例を具体的にいくつか挙げよ．

2.2　ネットワークの中心性指標

ネットワーク全体の中で，各ノードがそれぞれ，どのくらい中心にいる

1　http://vlado.fmf.uni-lj.si/pub/networks/pajek/

2　https://cytoscape.org/

かを数値的に表す指標は中心性と呼ばれる．すなわち，中心性の値が大きいほど，そのノードは中心的（逆に値が小さいほど周辺的）な存在と言える．

例えば，人気者や大部隊の長など，多数と関連性を持つノードはそれらに直接与える影響力がある意味で中心的と考えられる．あるいは，誰からも遠くない存在や，間接的にも権力を駆使できるものなど，中心をどう捉えるかに従ってさまざまな定義が考えられる．以下，社会学で用いられてきた代表的な中心性の指標を紹介する [47, 48, 49, 50]．

次数中心性 (Degree Centrality):　ノード i の次数 k_i に比例した $k_i/(N-1)$ で定義され，各ノード自身からのエゴセントリックな**局所的な影響力**を表す．分母の $N-1$ は，ノード i が自分以外の他の全ての $N-1$ 個のノードと結合する最大次数の場合で正規化する為．

情報中心性 (Information Centrality) :　ノード i と j をつなぐ複数の経路に伝達したい情報が (ホップ数で測った) その経路長の逆数に比例して分散して流れると仮定した，情報量の調和平均値[3]で定義される．

近接中心性 (Closeness Centrality) :　ノード i から j に到達する経路上で最小のホップ数を L_{ij} として，

$$\left(\frac{\sum_{j=1}^{N} L_{ij}}{N-1}\right)^{-1} = \frac{N-1}{\sum_{j=1}^{N} L_{ij}}.$$

で定義される．分子の $N-1$ は星型ネットワークの場合の最小値で正規化する為．この指標は，**あるノードから他の全てのノードに到達するのに要する広がりの伝搬時間の和**に関する重心度合いを表す量．

フロー中心性 (Flow Centrality) :　グラフの最大フローがあるノード i を媒介する頻度で定義される．

媒介中心性 (Betweenness Centrality) :　ホップ数で測った最短経路が通過する割合として，ノード v の媒介中心性 [51]

3　N 個の量 $x_1, x_2, \ldots, x_N$ の調和平均は，$(\sum_{i=1}^{N} 1/x_i)^{-1}$．

$$\sum_{s,t \in V} \frac{\sigma_{st}(v)}{\sigma_{st}}, \tag{2.2}$$

が定義される．ここで，σ_{st} は始終点ペア (s,t) 間の最短経路数，$\sigma_{st}(v)$ はそのうち v を通る経路の数を表す．
最小ホップの経路ではなく，移動時間や経費の辺重み和の最小化等で任意の基準で選んだ経路，及び，需要-供給や送信-受信の発生頻度等で始終点を重み付けた和で拡張したものは，ルーティング中心性 [1, 52] と呼ばれる．

図 2.1 は，代表的な中心性の特徴を示す．次数中心性は，あくまで**局所的な影響力**に基づく指標なので，ネットワークの端に位置する地方のボス的な場合でも高い値となる．近接中心性は，どのノードからも近い**重心的なノード**で高い値となる．一方，媒介中心性は，関所のように二つの部分（コミュニティ）をつなぐ**橋渡し的なノード**で高い値となる．

このように，どの中心性が優れているかは一概に言えず，それぞれの特徴に応じて使い分ける必要がある．

2.3　媒介中心性の高速アルゴリズム

（ユークリッド距離など辺に重みのない）ホップ数で測った最短経路に基づく媒介中心性の高速アルゴリズムを紹介する [53]．
まず，始点 s から各ノード u への最短経路数 σ_{su} を求める．この量 σ_{su} は，図 2.2 のように，s から各隣接ノードにトークン 1 を送り，それらを受け取った各ノードで合計してから更にその先にトークンを送ることを繰り返して容易に計算できる．このとき，各ノードは自身と同じホップ数以下の（より始点に近い）ノードに逆戻りしてトークンを送ることはしない．各ノード u に届いたトークンの合計値が，s からの最短経路数 σ_{su} となる．

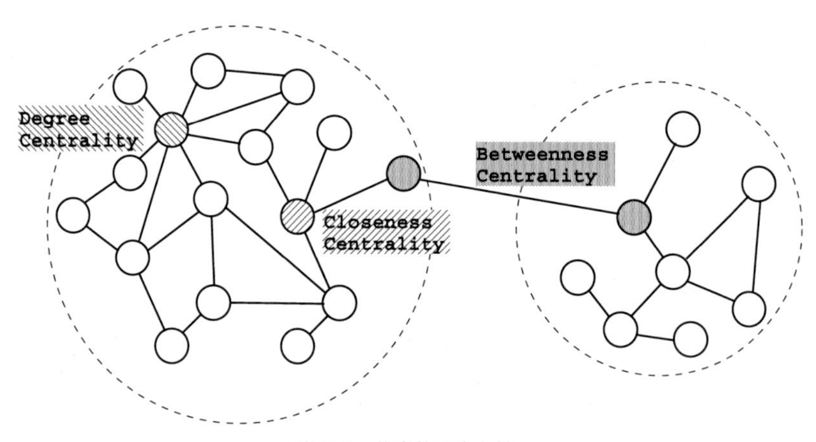

図 2.1　代表的な中心性.

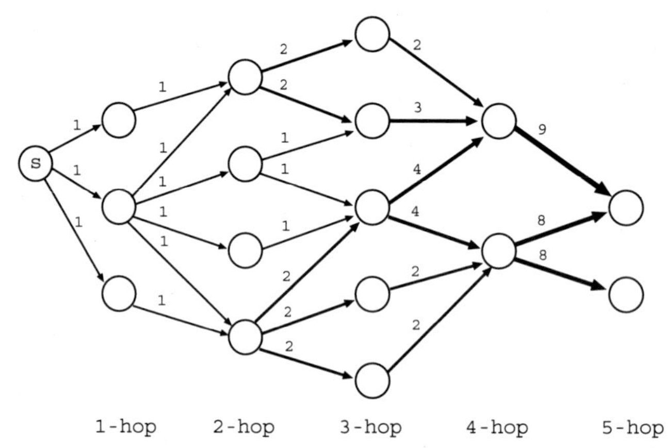

図 2.2　トークン伝搬による最短経路数の計算例. 同一ホップ数の階層内のノード間は例え辺があっても, 最短経路にならないので送らない.

その後, ホップ数で一番遠いノードから順に, $\bullet$ 表記で終点について和をとった以下の $\delta_{s,\bullet}(v)$ を確定していく. 図 2.3 の t や t' は, もうそれより遠いノードはなく, 媒介することができない為, $\delta_{s,\bullet}(t) = \delta_{s,\bullet}(t') = 0$ となる. 次に, t や t' から 1 ホップ手前のノード w について, w から最遠ノード t や t' へリンクした本数で $\delta_{s,\bullet}(w)$ が定まる. 同様に, u から遠いノードから順に再帰的に, 以下の右辺から左辺が定まる.

$$\delta_{s,\bullet}(v) = \sum_{\{w|v \in P_s(w)\}} \frac{\sigma_{sv}}{\sigma_{sw}}(1 + \delta_{s,\bullet}(w)), \tag{2.3}$$

$$P_s(w) \overset{\text{def}}{=} \{v \in V | (v, w) \in E, L_{sw} = L_{sv} + 1\}, \quad w \in \partial v,$$

ここで, ∂v は u の隣接ノードの集合を表す. 式 (2.3) の右辺第 1 項は w を終点とする媒介度, 右辺第 2 項は w を経由した先の経路についての媒介度である. 式 (2.3) の $\delta_{s,\bullet}(v)$ を s について和 $\delta_{\bullet,\bullet}(v) \overset{\text{def}}{=} \sum_s \delta_{s,\bullet}(v)$ をとって, 各ノード v の媒介中心性を表す式 (2.2) が求まる.

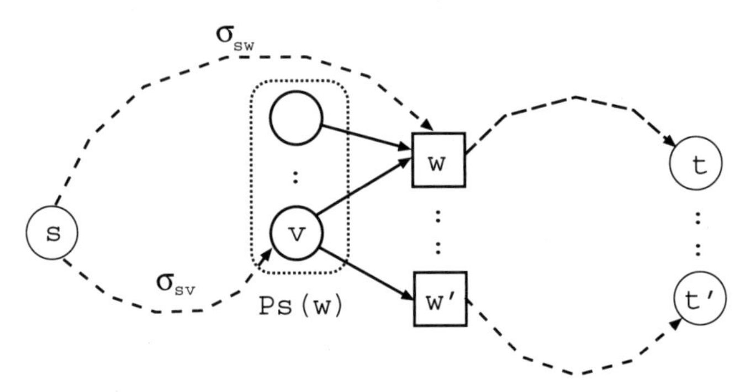

図 2.3 Brandes の高速アルゴリズムの概略図.

問題 2-2

何らかのプログラミング言語で, Brandes の高速アルゴリズムを実装して, Dijkstra 法などで最短経路を求める場合との計算時間を比較せよ.

2.4 PageRank 中心性に関連する指標

2.4.1 PageRank 中心性

WWW 検索の高精度化に向けて研究開発が激化していた'90 年代初頭, 当時最も注目されていた二大技術は, 高度 AI 言語理解とリコメンデーション/協調フィルタリング（「いいね」に相当するもの）であった [54].

どちらも頁の直接的な属性値に基づくもので，利用者の意図の理解への壁や信頼できる膨大な推奨データの収集あるいは悪意な操作をいかに排除できるかに関する深刻な問題等から，現在ですら手法として確立されていない．一方，Google はそれらとは全く異なる（多数の参照を通じて頁に対する人々の評価が埋め込まれ，しかも自動収集が可能な）リンク構造というネットワーク型の関係性データに着目した．しかも，

有向グラフである WWW 上の乱歩による滞在頻度が頁のランク値に相当すると考え，確率行列の固有ベクトルの計算と数学的には等価なランク値計算を大規模分散的に効率良く解ける，メッセージ伝搬法に基づく PageRank アルゴリズム [55]

を武器として IT 業界で世界の覇者にまでなった．

その基本的な考え方は，WWW の URL で定まる有向グラフにおいて，

入：　多くから参照されるリンクを持つ頁の価値は高くなる
入：　ランク値が高い頁からの数少ない貴重なリンクの価値は高い
出：　多くを参照するリンクの価値は分配される

として，これを数学的に表現した以下を解いて，ノード i の PageRank 中心性（頁の価値）x_i は求められる [55]．

$$x_i = d \sum_{j=1}^{N} A_{ij} \frac{x_j}{k_j^{out}} + (1-d)\beta \sum_{j=1}^{N} x_j, \tag{2.4}$$

ここで，$\beta \stackrel{\text{def}}{=} 1/N$ である．式 (2.4) の右辺第 1 項は参照の和と価値の分配に関する項，右辺第 2 項は任意の頁へのランダムサーフに関する項で，それぞれ d と $1-d$ の内分比で足し合わされている．経験上，$d = 0.85$ 程度が精度と計算の収束時間のバランスの観点からよいらしい [56]．

$\sum_j x_j = 1$ となることに注意して式 (2.4) を書き直すと，

$$
\begin{pmatrix} x_1 \\ \vdots \\ x_i \\ \vdots \\ x_j \\ \vdots \\ x_n \end{pmatrix}^T
\begin{pmatrix}
\frac{1-d}{N} & \cdots & \cdots & \cdots & \cdots & \cdots & \frac{1-d}{N} \\
\vdots & \vdots & \vdots & \vdots & \vdots & \vdots & \vdots \\
\vdots & \cdots & \frac{1-d}{N} & \cdots & \frac{d}{k_i} + \frac{1-d}{N} & \cdots & \vdots \\
\vdots & \vdots & \vdots & \vdots & \vdots & \vdots & \vdots \\
\vdots & \cdots & \frac{1-d}{N} & \cdots & \frac{1-d}{N} & \cdots & \vdots \\
\vdots & \vdots & \vdots & \vdots & \vdots & \vdots & \vdots \\
\frac{1-d}{N} & \cdots & \cdots & \cdots & \cdots & \cdots & \frac{1-d}{N}
\end{pmatrix}
=
\begin{pmatrix} x_1 \\ \vdots \\ x_i \\ \vdots \\ x_j \\ \vdots \\ x_n \end{pmatrix}^T,
$$

の Google 行列 [56] を得るが, PageRank の反復式 (2.4) は, Google 行列を確率行列とした乱歩による Markov 連鎖に帰着する. すなわち, 各ノードにおける定常状態の頁 i への訪問頻度が PageRank 中心性に数学的には対応する. 言い換えれば, 確率行列の最大固有値 1 に対応する優固有ベクトルが PageRank 中心性に他ならない.

ところが, 頁の追加削除や URL が日々更新される WWW 構造の変化に追従できるスケーラビリティ等の理由から, Google は（与えられた行列の変化は想定していない）従来型の固有値問題の大規模数値計算を行わず, 大量の廉価 PC を活用して式 (2.4) をメッセージ伝搬で解く先見性により検索ビジネスにて技術的優位に立ち, 後に MapReduce 等のミドルウェア分散処理の開発をも促したと考えられる.

2.4.2 関連する他の中心性

PageRank 中心性は, Google 行列の優固有ベクトルに帰着するが, 表 2.1 のように, こうした固有ベクトルに関連する中心性が他にも考えられている. 特に, Bonacichi 中心性と Katz 中心性は, 数ホップ先への影響力を考えることから**権力者を見つけたい場合**に用いられてきた指標である.

表 2.1　固有ベクトルに関連する中心性.

名称	ベクトル表記	成分表記
(1) PageRank 中心性	$\mathbf{x} = dAD^{-1}\mathbf{x} + (1-d)\beta\mathbf{1}$	$x_i = d\sum_j A_{ij}\frac{x_j}{k_j^{out}} + (1-d)\beta$
(2) Bonacichi 中心性	$\mathbf{x} = \alpha A\mathbf{1} + \beta A\mathbf{x}$	$x_i = \alpha k_i + \beta\sum_j A_{ij}x_j$
(3) Katz 中心性	$\mathbf{x} = \alpha A\mathbf{x} + \beta\mathbf{1}$	$x_i = \alpha\sum_j A_{ij}x_j + \beta$
(4) 優固有ベクトル中心性	$\mathbf{x} = \frac{1}{\lambda_1}A\mathbf{x}$	$\lambda_1 x_i = \sum_j A_{ij}x_j$
(5) 次数中心性	$\mathbf{x} = AD^{-1}\mathbf{x}$	$x_i = \sum_j \frac{A_{ij}}{k_j}x_j$

表 2.1 のベクトル表記の方程式をそれぞれ解くと以下を得る．これらは互いに若干異なるものの，何らかの行列の固有ベクトルに関連した指標であることが理解できよう [57].

(1) $\mathbf{x} = (1-d)\beta(I - dAD^{-1})^{-1}\mathbf{1}$.

ここで，x_j は確率変数なので，$\sum_j x_j = 1$ を用いていることに注意.

(2) $\frac{1}{1-z} = 1 + z + z^2 + z^3 + \ldots$ の行列版を適用すると，

$$\mathbf{x} = (I - \beta A)^{-1}(\alpha A\mathbf{1}) = \alpha\sum_{k=0}^{\infty}\beta^k A^{k+1}\mathbf{1},$$
$$= \alpha(A + \beta A^2 + \beta^2 A^3 + \ldots)\mathbf{1}.$$

上式右辺は，各ノード i から j へ，1 ホップ先の隣接，2 ホップ経由先，3 ホップ経由先，... の（減衰係数 $0 < \beta < 1$ のべき乗付きで）影響力の和を表す[4].

(3) $\mathbf{x} = \beta(I - \alpha A)^{-1}\mathbf{1} = \beta\sum_{k=0}^{\infty}(\alpha A)^k\mathbf{1}$.

(2) と同様に，上式右辺は，0 ホップ目の自身を含めて，1 ホップ先の隣接，2 ホップ経由先，... の影響力の和を表す.

(5) $(I - AD^{-1})\mathbf{x} = (D - A)D^{-1}\mathbf{x} = \mathbf{0}$ の解として $D^{-1}\mathbf{x} = \mathbf{1}$ を得る．成分表記すれば，$x_i = \frac{k_i}{\sum_j k_j}$ と次数中心性となる．ただし，これは無向グラフ上の乱歩に相当するが，有向グラフ上の乱歩に相当する

4　$\alpha = 0$, $\beta = 1/\lambda$ の時，隣接行列 $[a_{ij}]$ に対する最大固有値の優固有ベクトルに帰着する.

PageRank 中心性とは異なることに注意されたい.

問題 2-3

隣接行列 A のべき乗：$A^2, A^3, A^4, \ldots$ の各 ij 要素が具体的に何を表しているのか, また何故そう言えるのかを説明せよ.

2.5　拡散力のあるインフルエンサーの抽出

本節では, 文献 [58] にならい Collective Influence(CI) について概説する. （感染症や口コミ情報などに関して）拡散力のあるインフルエンサー的なノードを, ネットワークの中心的存在と考えるのであるが, ではどうやってそれらインフルエンサーを求めたらよいのであろうか?[5]

まず, リンク $i \to j$ で情報伝搬する確率 $\nu_{i\to j}$ に関して（伝搬式では以下同様に右辺の計算を左辺に代入する）メッセージ伝搬式

$$\nu_{i\to j} = n_i \left\{1 - \Pi_{k\in\partial i\backslash j}(1 - \nu_{k\to i})\right\}, \tag{2.5}$$

を考えよう. $\partial i\backslash j$ は i の隣接ノード集合 ∂i のうち（$i \to j$ に対して逆戻りする）j を除いたものを表し, n_i はノード i が存在して隣接ノードへの伝搬機能を有していれば値 1, 有していなければ値 0 をとり, ノード除去率 $0 \le q \le 1$ に対して $\sum_i n_i = (1-q)N$ とする. 式 (2.5) 右辺の意味は, 図 2.4(a) からも分かるように, $n_i = 1$ で i が機能（活性化）していて, ノード i の隣接ノード集合 ∂i 中で j 以外のノード k から i に少なくとも一つは伝搬する, すなわち, $\nu_{k\to i}$ が全てゼロではないとき, $\nu_{i\to j} = 1$ となり i から j に伝搬することを表す.

5　3 章にて述べるが, こうした情報伝搬の影響力最大化に関する種々の問題は, NP 困難な組合わせ問題に属する. ゆえに, 最適な厳密解を求めるものではなく, CI も近似解法のうちの一つである.

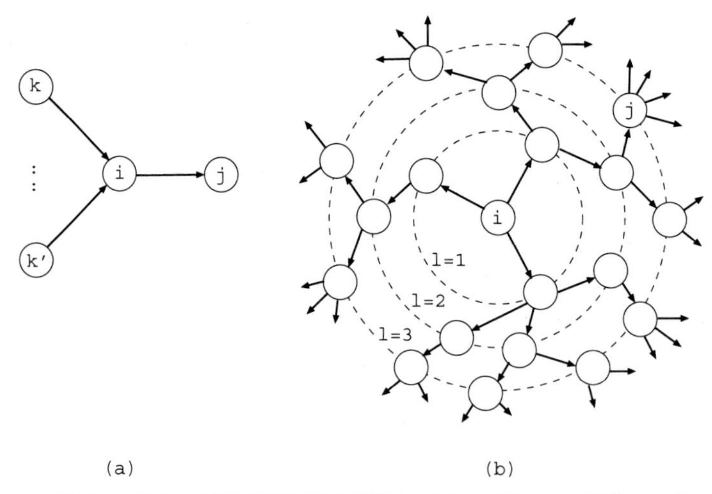

図 2.4　CI における情報伝搬の影響力. (a) j 以外で i の隣接ノード k や k' から少なくとも 1 本は伝搬すれば, $i \to j$ に伝搬. (b) i から l ホップ先のノード j における伝搬力を表す矢印.

インフルエンサーと呼ばれる, **情報伝搬に最も影響力を持つ最小のノード集合は, それらを除去すると情報伝搬が途絶える**, すなわち, ネットワーク全体の連結性が失われてバラバラに分断崩壊させるものと考える. すると, インフルエンサーを見つけることは, ネットワークが分断される最小の除去ノード集合を全ての組合わせの中から見つけることに帰着する. そこで, $n_i = 0$ となる qN 個のノードを選んで除去したときに情報伝搬が途絶える条件を探る. 言い換えると, 除去ノードをどのように選ぶかに関する $n = \{n_1, \ldots, n_N\}$ と除去率 q に依存した上記の式 (2.5) の反復写像における原点の安定性の条件として, 式 (2.5) 右辺の線形近似における Jacobi 行列

$$\mathcal{M}_{k\to l, i\to j} \stackrel{\text{def}}{=} \left.\frac{\partial \nu_{i\to j}}{\partial \nu_{k\to l}}\right|_{\nu_{i\to j}=0} = n_i B_{k\to l, i\to j}.$$

の最大固有値 $\lambda(n;q)$ が 1 より小さいときを考える. 原点 $\{\nu_{i\to j} = 0\}$ はどのリンクでも伝搬しないことをさす. ここで, B は Non-backtracking(NB) 行列と呼ばれ [59], ネットワークに存在するリンク $k \to l$ とリンク $i \to j$ を要素とするノード間の接続方向を考慮した

$2M \times 2M$ の非対称行列である（付録 A.2 参照）.

$$B_{k\to l,i\to j} \stackrel{\text{def}}{=} \begin{cases} 1, & l=i,\, k \neq j \text{ の時} \\ 0, & \text{それ以外}. \end{cases}$$

行って戻る, $k \to l$ と $l \to k$ の NB 行列の要素値は 0 となることに注意しよう. すなわち, これは線形写像として行って戻ることを禁止することに相当することから, NB と命名されている.

$\lambda(n;q) < 1$ を考える理由は以下による. 上付き添字 t は反復回数を表すとして, 一般にベクトル $\mathbf{x}^t = (x_1^t, \ldots, x_n^t)$ の反復写像 $\mathbf{x}^{t+1} = F(\mathbf{x}^t)$ の不動点 $F(\mathbf{a}) = \mathbf{a}$ の安定性は 1 次近似で,

$$\mathbf{x}^{t+1} = F(\mathbf{x}^t) \approx F(\mathbf{a}) + \left(\left. \frac{\partial F(\mathbf{x})}{\partial \mathbf{x}} \right|_{x=a} \right) (\mathbf{x}^t - \mathbf{a}) + \ldots,$$

$$\frac{\mathbf{x}^{t+1} - \mathbf{a}}{\mathbf{x}^{t-1} - \mathbf{a}} = \frac{\mathbf{x}^{t+1} - \mathbf{a}}{\mathbf{x}^{t} - \mathbf{a}} \times \frac{\mathbf{x}^{t} - \mathbf{a}}{\mathbf{x}^{t-1} - \mathbf{a}} \approx \left(\left. \frac{\partial F(\mathbf{x})}{\partial \mathbf{x}} \right|_{x=a} \right)^2,$$

及び, $\mathbf{x}^0 - \mathbf{a} = c_1\mathbf{u}_1 + c_2\mathbf{u}_2 + \ldots c_n\mathbf{u}_n$ と Jacobi 行列 $\mathcal{M}$ の固有ベクトル $\mathbf{u}_i$ の線形和で表されることから, $|\lambda_1| > |\lambda_2| > \ldots |\lambda_n|$ より, $t \to \infty$ 回の反復値 $F(F(F(\ldots F(\mathbf{x}^0)\ldots)))$ は

$$\begin{aligned} \left(\frac{\partial F(\mathbf{x})}{\partial \mathbf{x}} \right)^t (\mathbf{x}^0 - \mathbf{a}) &= c_1\lambda_1^t\mathbf{u}_1 + c_2\lambda_2^t\mathbf{u}_2 + \ldots + c_n\lambda_n^t\mathbf{u}_n \\ &= c_1\lambda_1^t\mathbf{u}_1 + \lambda_1^t \left\{ \sum_{i=2}^n \left(\frac{\lambda_i}{\lambda_1} \right)^t c_i\mathbf{u}_i \right\} \to c_1\lambda_1^t\mathbf{u}_1, \end{aligned}$$

となり, $|\lambda_1| > 1$ ならば発散, $|\lambda_1| < 1$ ならば原点に収束する[6]. ベクトルの反復写像なので, 1 次近似の係数として Jacobi 行列が現れるが, スカラー関数 $y = f(z)$ の反復 $y = f(f(f(\ldots f(z)\ldots)))$ ならば図 2.5 のように, 原点における関数の傾きに従って, 発散あるいは収束することが容易に理解できよう. この議論をベクトルの反復写像に拡張しただけなのである.

6 このように, $\mathcal{M}$ の乗算反復でその最大固有値 λ_1 の固有ベクトル成分 $\mathbf{u}_1$ のみを残す計算が, べき乗法である. $\mathbf{x}^0 - \mathbf{a}$ を $\mathbf{w}_0$ に, $\left(\frac{\partial F(\mathbf{x})}{\partial \mathbf{x}} \right)^t$ を $\mathcal{M}^l$ に対応付ければ, $\mathbf{w}_l = \mathcal{M}\mathbf{w}_{l-1} = \mathcal{M}^l\mathbf{w}_0$ にも適用できる. ただし, 通常は $\mathcal{M}$ の乗算毎に数値的発散を防ぐ正規化処理（$|\mathbf{w}_l|$ で割ること）を施す [60].

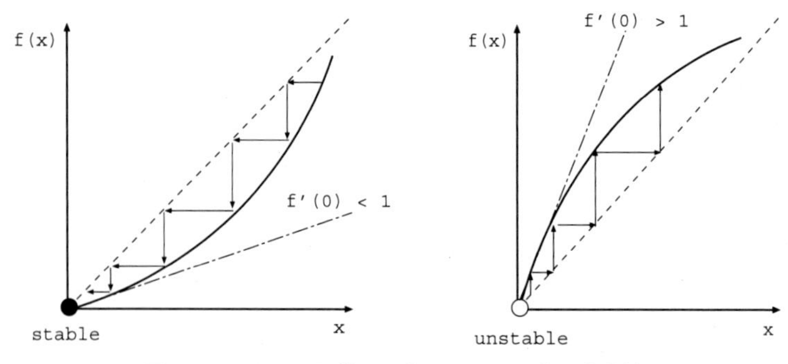

図 2.5　スカラー関数の反復における原点の安定性.

原点 $\{\nu_{i\to j}=0\}$ における安定性の条件として, Jacobi 行列 $\mathcal{M}$ の最大固有値 $\lambda(n;q)$ を 1 より小さくするには, $\mathbf{w}_l(n) \stackrel{\mathrm{def}}{=} \mathcal{M}^l \mathbf{w}_0$ に, べき乗法 [60] を適用した

$$\lambda(n;q) = \lim_{l\to\infty}\left[\frac{|\mathbf{w}_l(n)|}{|\mathbf{w}_0|}\right]^{1/l},$$

から, 上記右辺の分子の最小化に最も大きく寄与するノードの除去を考えればよい. すると, $\min\lambda(n;q)$ は近似的に以下の $2l$-体問題に帰着して, これを貪欲的に解くと, 除去すべきインフルエンサーは $CI_l(i)$ 値が最大のノード i を再帰的に選ぶこと（選んだノードを除く為に $n_i=0$ の設定後に各ノード $j\neq i$ の $CI_l(j)$ 値を再計算して, その値が最大のノードの選択と再計算を繰り返す）で得られる.

$$|\mathbf{w}_2(n)|^2 = \sum_{i,j,k\neq i,l\neq j} A_{ij}A_{jk}A_{kl}(k_i-1)(k_l-1)n_in_jn_kn_l,$$

$$|\mathbf{w}_l(n)|^2 \approx \sum_{i=1}^{N}(k_i-1)\sum_{j\in\partial Ball(i,2l-1)}\left(\Pi_{k\in P_{2l-1}(i,j)}n_k\right)(k_j-1),$$

$$CI_l(i) \stackrel{\mathrm{def}}{=} (k_i-1)\sum_{j\in\partial Ball(i,l)}(k_j-1). \tag{2.6}$$

ここで, A_{ij} は隣接行列 A の i,j 成分である. また図 2.4(b) に示すように, $P_{2l-1}(i,j)$ は $2l-1$ ホップで i と j を繋ぐ経路上のノード集合, $\partial Ball(i,l)$

は i から l ホップ先のノード集合を表し，$CI_l(i)$ は i から l ホップ先に拡散するリンク数の和に比例した影響力に相当する．

5 章で議論するループ（各ノードを 1 回のみ通過して交差がない周回路）との関連では，除去率 q を大きくすると λ の値は小さくなり，$\lambda > 1$ ではネットワーク中にループが二つ以上存在，$\lambda = 1$ でループが一つのみ存在，$\lambda < 1$ ではループのない木構造となる（ループとの関連性は付録 A.2 も参照）．つまり，**できるだけ少ないノード除去でループを無くせば，効果的にネットワークを分断崩壊させることができる**．木構造になった後は，どのノードを除去しても部分木に分かれてバラバラになるので．ただし，逆に λ を大きくしても必ずしも結合耐性が強くなる訳ではなく，$\lambda = 1$ の場合が分断崩壊の臨界点であるに過ぎないことに注意しないといけない．結合耐性を強化するループの増加法については 5.5 節で説明する．

ところで，NB 行列に関連する話題として，行って戻ることを禁止することで，これまでの近似計算が改善されることも報告されている．次数中心性等とは違って非局在化してネットワーク全体に散らばる傾向がある NB 中心性 [44, 61] や，5 章で触れるパーコレーション（浸透）の閾値の推定などに NB 行列を適用して，隣接行列 A 基づく母関数解析（付録 A.3 参照）より精度を向上させたり [62, 63]，式 (2.5) のようなメッセージ伝搬式を用いて疎なネットワークの最大連結成分のサイズ等を反復計算する手法 [64] などが考案されている．

また，行列 $\mathcal{M}$ の非対称性から，$2M$ 次元の左右ベクトル $\mathbf{L}$ と $\mathbf{R}$ を考えた固有値問題 $\mathbf{L}^T\mathcal{M} = \lambda\mathbf{L}^T$ と $\mathcal{M}\mathbf{R} = \lambda\mathbf{R}$ をべき乗法で解いて l ホップ先をいくつにすべきかの恣意性がない CI propagation[65] や，3.2 節で触れる多数決の情報伝搬 LT モデルに対する CI の拡張 [66] なども考えられている [44]．

問題 2-4

本章で紹介した種々の中心性（固有ベクトルに関連したものを含む）や CI を，どのような用途で使い分けるのが良さそうかを述べよ．また，何故そう考えるのかも説明せよ．

第3章

情報拡散の最大化

インターネット広告などを意識して，SNS上などで情報発信を効果的に行うことができれば，さまざまビジネスチャンスが生まれる．その際，情報拡散を最大化する種ノードをいかにして見つけるか？ が重要となり，特に複数の種を選ぶ効果的な手法を紹介する．

3.1　本章のあらまし

本章では, 情報拡散の最大化問題を考える. 伝搬の仕方として情報受動者主導と情報送信者主導のモデルに大別できるが, いずれにおいても拡散に効果的な種ノードの選択は組合せ的な難問であることを指摘する. その解決策として, 特に複数の種ノードを選ぶにあたって, 従来法よりも拡散力を持たせた, マルチホップ被覆により拡散の無駄な重なりを抑える方法を紹介する. その際, 4 章で述べる統計物理学的な近似計算法を活用する.

3.2　拡散の最大化は NP 困難

口コミ等による情報拡散やウィルス感染の時間発展の予測等を目的に, 数理モデルを用いて議論や評価が通常なされる. その最も基本的なものとして, 各ノードは以下の三状態：情報が未知または未感染 S(susceptible), 情報または感染の拡散 I(infected), 十分既知で無関心または回復免疫 R(recovered), のいずれかを取るものとする. 感染確率と回復確率を β と μ でそれぞれ表した下記の状態遷移で, S 状態と I 状態のみを考える SIS モデルと, 三状態を考える SIR モデルがある [67].

$$\mathrm{S} \xrightarrow{\beta} \mathrm{I} \xrightarrow{\mu} \mathrm{S}, \qquad\qquad \mathrm{S} \xrightarrow{\beta} \mathrm{I} \xrightarrow{\mu} \mathrm{R}$$

古典的な Kermack-McKendrick モデルでは, **中世社会のように誰もが日々同様な数人程度としか接触が無い（ネットワーク構造を考えない）場合において, 拡散力が弱ければ蔓延しない**ことが解析的に導ける [68]. 一方, **現代社会における SF 構造上の情報伝搬や接触感染を考えると,** $1/\log N$ **程度の確率** β **で拡散力が非常に弱くても蔓延してしまう**（付録 A.3.3 参照）.

より一般的には, 友人知人や SNS のつながり等におけるネットワーク構造を与えたとき, 初期状態 I の種ノードから以下の LT モデルと IC モデル [69] に従って, 各ノードが S,I,R 間の状態を遷移して, 情報または感染の拡散の度合いが数量的に調べられる.

LT(Linear Threhsold) モデル: 情報受動者主導
各ノード i は, 自身の隣接ノード $j \in \partial i$ がある閾値 m_i 以上の割合で I 状態のとき, i は状態 S から状態 I に遷移する.

IC(Independent Cascade) モデル 情報送信者主導
状態 I の各ノード i はそれぞれの隣接ノード $j \in \partial i$ に, 確率 p_{ij} で情報伝搬または感染をさせ, j が状態 S から状態 I に遷移する. 特に, $\mu = 1$, p_{ij} が一定値 β のとき SIR モデルに帰着する.

LT モデルと IC モデルには, 頂点被覆 (VC: Vertex Cover) 問題や集合被覆 (SC: Set Cover) 問題がそれぞれ対応し [69, 70], 影響最大化問題 [71] を含めて,

最適な種ノードを厳密に見つけるのは NP 困難 [72, 73]

である[1]. そこで, 最小 VC 問題を近似的に解くアイデアを 3.4 節で紹介する. 近似解法の詳細は 4 章にて説明する.

3.3 サンプル平均不要のメッセージ伝搬法

SIR モデルでは, 情報または感染の伝搬として, $t = 0$ で初期状態 I の種ノードから接触感染により各々の隣接ノードにおいて感染確率 β で状態 S から I への遷移が時刻 $t = 1, 2, \ldots$ で繰り返し行われる. その際, 確率 μ で各ノード自身が独立に状態 I から R への遷移も行う（以下, 議論を単純化するために $\mu = 1$ とする）. これは確率的動作であるため, さまざまな乱数に従った（$N_{sample} = 10^2 \sim 10^3$ 個程度の）サンプルに対して, 毎時

1 VC 問題は, SC 問題や 4 章及び 5 章で触れるフィードバック頂点集合 (FVS: Feedback Vertex Set) 問題に多項式変換可能である [74]. つまり, 決定問題として同程度に難しい.

刻 $t \geq 1$ における各ノード i の三つの状態数 $S_i^{(n)}(t), I_i^{(n)}(t), R_i^{(n)}(t)$ を求めてサンプル分のそれぞれの合計数を平均値化することが広く行われている.

$$N\bar{S}(t) = \sum_{n=1}^{N_{sample}} \left(\sum_{i=1}^{N} S_i^{(n)}(t) \right) / N_{sample}, \tag{3.1}$$

$$N\bar{I}(t) = \sum_{n=1}^{N_{sample}} \left(\sum_{i=1}^{N} I_i^{(n)}(t) \right) / N_{sample}, \tag{3.2}$$

$$N\bar{R}(t) = \sum_{n=1}^{N_{sample}} \left(\sum_{i=1}^{N} R_i^{(n)}(t) \right) / N_{sample}, \tag{3.3}$$

一方, あらかじめ平均化された確率変数を考えれば, **サンプル分の平均値化は不要となって高速化**できる. そこで, 2.5 節の $CI_l(i)$ を導出した際の式 (2.5) からの類推として, 時刻 t で各ノード i における S,I,R 状態に関する確率変数 $P_i^S(t)$, $P_i^I(t)$, $P_i^R(t)$ について, 以下のメッセージ伝搬式を考える [75].

$$P_i^I(t+1) = P_i^S(t) \left[1 - \Pi_{j \in \partial i}(1 - \beta \times P_j^I(t)) \right], \tag{3.4}$$

$$P_i^R(t+1) = P_i^R(t) + P_i^I(t), \tag{3.5}$$

$$P_i^S(t+1) = 1 - P_i^I(t+1) - P_i^R(t+1), \tag{3.6}$$

式 (3.4) 右辺は, 時刻 t で S 状態のノード i はその隣接ノード $j \in \partial i$ の少なくとも一つが I 状態なら次時刻に確率 β で感染伝搬して I 状態に遷移することを, 式 (3.5) 右辺は, 時刻 t で I 状態のノード i が次時刻 $t+1$ に確率 $\mu = 1$ で R 状態に加わることを, 式 (3.6) 右辺は, 各時刻 $t+1$ でノード i が三状態のいずれかをとること（確率変数の正規化条件）を意味する.

問題 3-1

式 (3.1)(3.2)(3.3) と式 (3.4)(3.5)(3.6) において, $S_i^{(n)}(t), I_i^{(n)}(t), R_i^{(n)}(t)$ と $P_i^S(t), P_i^I(t), P_i^R(t)$ がどのように対応するのか説明せよ.

3.4 多数の種ノード選択

単一の種ノードよりも, 複数の種ノードを設定する方が, より広くより素速く情報や感染が拡散すると考えられる. ところが, 図 3.1 左のように

種ノードが互いに近いと, 拡散の輪がすぐに重なり余り効果的でない.

そこで, 図 3.1 右のように種ノードが互いに遠くなるように選ぶべきで, これを l-**ホップ被覆**と捉える. 特に, I 状態のノード s が l-ホップ先まで感染伝搬するとき, $l=1$ の場合は最小 VC のノードを種にすれば全体を覆うので, $l \geq 2$ の場合を含めて以下のように拡張する [75].

Step0: 対象とするネットワークを与え, 種ノード数 $N_s = 0$ と初期設定する.

Step1: 最小 VC の最有力候補を種ノードに設定して（NP 困難な最小 VC の近似解法は 4 章で述べる）, $N_s \leftarrow N_s + 1$ と更新する.

Step2: 図 3.2 のように, 上記の種ノード s と, そこから $l-1$-ホップ先のノード（2.5 節の集合 $\partial Ball(s, l-1)$）まで被覆内として間引いて除去する. それらノードの接続リンクも除去される.

Step3: 全て除去されるまで, 残った部分に対して Step1,2 を繰り返す. 最終的に得られた N_s 値が種ノード数となる.

一般に, l 値を大きくするほど, l-ホップ被覆として必要な種ノード数 N_s は減るが, 確率 $0 < \beta < 1$ で伝搬する際にどのくらい拡散効果があるかはネットワーク構造にも依存して, 数値シミュレーション等で比較しないと分からない.

種ノードを定める従来法においては, HD: 次数が高い順にノードを選ぶ, よりも拡散力があると考えられる CI: 2.5 節のインフルエンサーを探す CI_l 値 [58], 以下で定義される最も大きい k 値となる k-core 中の最大

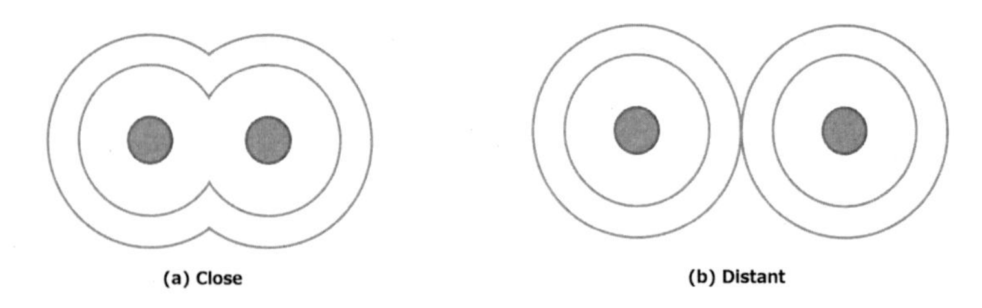

図 3.1　灰色の種ノードの配置．拡散の輪がすぐに (a) 重なる場合と (b) 離れてる場合．[75] より．

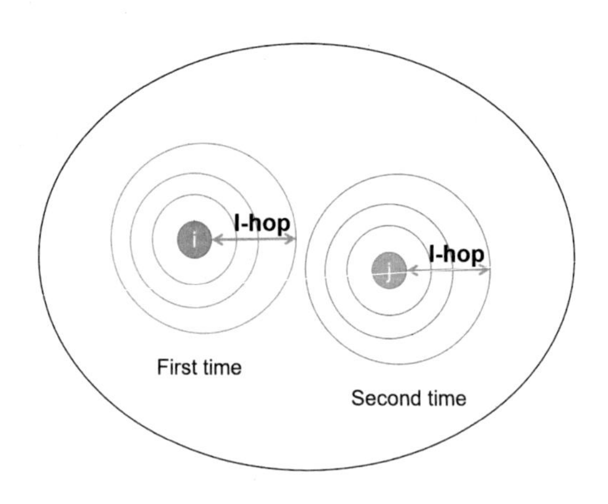

図 3.2　l-ホップ被覆．[75] より．

次数ノード[2], あるいは以下の $C_{LC}(v)$ や $C_{LSC}(v)$ が最大のノード v を順に, 複数の種ノードとして選ぶ.

- k-core: 互いに次数 k 以上のノードで構成される核となる部分 [76]. 特に, 2-core は, ぶら下がり的な部分木を省いた部分として, 再帰的な葉ノード除去で得られる.

2　例えば辺縁の部分木に最大次数ノードが存在する等, 深層の核となる最大 k 値の k-core 中のノードが, ネットワーク全体中の最大次数ノードとは限らないことに注意.

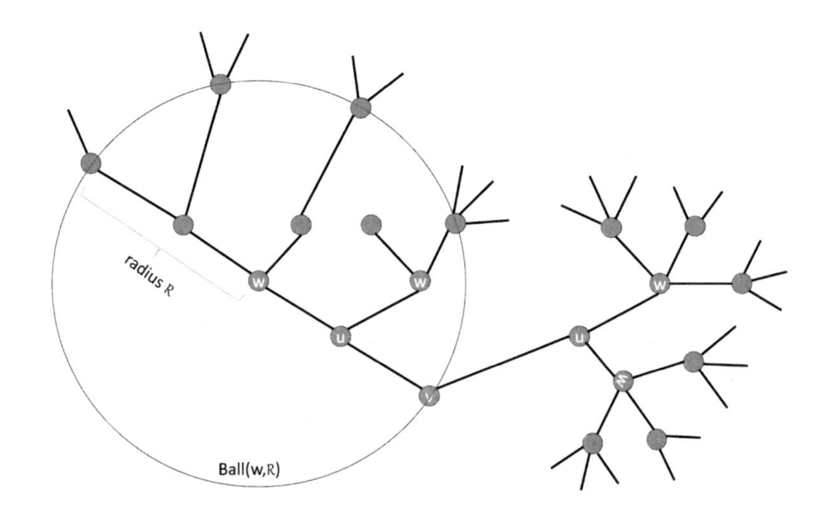

図 3.3 局所的な R ホップ内で定義される LC や LSC. [75] より.

- LC(Local Centrality): $C_{LC}(v)$ [77], 図 3.3 参照.

$$C_{LC}(v) \stackrel{\text{def}}{=} \sum_{u \in \partial v} Q_{LC}(u), \quad Q_{LC}(u) \stackrel{\text{def}}{=} \sum_{w \in \partial u} \left(\sum_{k=0}^{2} |\partial Ball(w,k)| \right),$$

- LSC(Local Structure Centrality): $C_{LSC}(v)$ [78], 図 3.3 参照.

$$C_{LSC}(v) \stackrel{\text{def}}{=} \sum_{u \in \partial v} Q_{LSC}(v),$$

$$Q_{LSC}(u) \stackrel{\text{def}}{=} \alpha \sum_{k=0}^{2} |\partial Ball(u,k)| + (1-\alpha) \sum_{w \in \partial Ball(u,2)} C_w,$$

ここで, C_w はノード w のクラスタリング係数である（1.1.2 項参照）.

他にも, 2.2 節で紹介した媒介中心性や近接中心性が高いノードを拡散の種として順に選ぶ方法も考えられ, 次数順に選ぶ方法よりは拡散力が増すこともある [79].

問題 3-2

2-core と同様に $k \geq 3$ でも, k-core は次数 $k-1$ 以下のノードの再帰的除去で得られること, 及び, (k-1)-core に含まれるが k-core には含まれない部分は k-shell と呼ばれ, その殻 (shell) でネットワーク全体が階層化させることを図的に確かめよ.

3.5　数値実験例

まず予備実験結果として, 表 3.1 は社会的ネットワークのある実データに対して, コンピュータ科学における（最適解の高々 2 倍に近似解が理論的に抑えられる）2-近似アルゴリズム [80] で最小 VC を求めた場合, 4 章の統計物理学における SP 法で近似的に最小 VC を求めた場合, BP 法で近似的に最小フィードバック頂点集合 (FVS: Feedback Vertex Set) を求めた[3] 後に残った部分木から図 3.4 のように奇数と偶数の各階層に含まれるどちらか少ないノード数で最小 VC を求めた [81] 場合, のそれぞれで得られた最小サイズ $|VC|$ とその比 $|VC|/N$ を示す. **SP 法と BP 法はほぼ同等で, 2-近似アルゴリズムより明らかに優れている**ことが分かる.

表 3.1　VC の近似解のサイズ比較（$l = 1$-ホップ被覆に相当）. [75] より.

逆温度 x	0	0.5	1	2	3	5	7
SP 法の $\|VC\|$	3520	3510	3517	3510	3508	3511	3507
$\|VC\|/N$	0.462	0.460	0.461	0.460	0.460	0.461	0.460
BP 法の $\|VC\|$	3520	3514	3516	3519	3515	3523	3524
$\|VC\|/N$	0.462	0.461	0.461	0.461	0.461	0.462	0.462
2-近似法の $\|VC\|$				5498			
$\|VC\|/N$				0.721			

3　FVS 問題は VC 問題に多項式変換可能で, それぞれのノード集合を同一視できる [74]. ただし, ループ形成に必要不可欠なノード集合を表す FVS の定義から, FVS に属するノードを除去した後にループは無くなるが部分木は残るので, それら部分木に対する VC を求めないといけない.

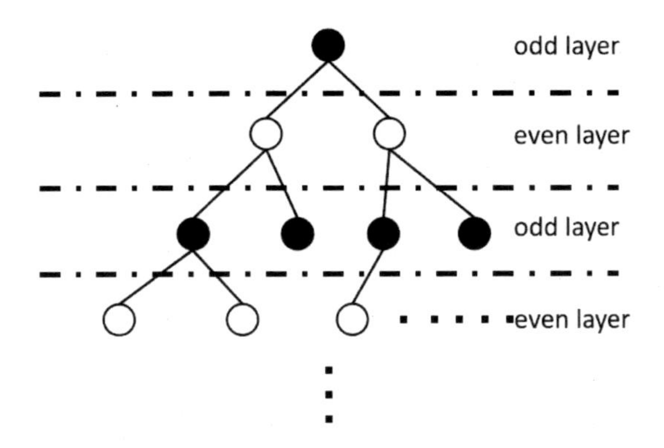

図 3.4　部分木からの VC の抽出法. [75] より.

次に, SP 法を用いた提案法 [75] により $l = 1, 2, 4$-ホップ被覆で複数の種ノードを求めた場合と, 同数の種ノードを（拡散の輪の重なりを考慮せず）従来法 [58, 76, 77, 78] により求めた場合で, SIR モデル上の拡散伝搬の比較を行った結果を以下に示す. ここで, 4.3 節の近似解法のパラメータ値として, パーコレーション閾値：$\frac{\langle k\rangle}{\langle k^2\rangle}$ [82]（付録 A.3.3 参照）を用いて[4], 感染確率 $\beta = \lambda\frac{\langle k\rangle}{\langle k^2\rangle}$, 逆温度 $x = 7$,（数回程度でも収束するようであるが, 十分に設定した）ラウンド数 $T = 50$ とした.

図 3.5 は, 種ノード i, j 間のホップ数距離 L_{ij} の分布 $P(L_{ij})$ を示し, $l = 2, 4$-ホップ被覆の両者において実線の提案法 [75] が他線の従来法より右側で種ノード同士が離れていることが分かる. したがって, 拡散の輪が重ならず, それぞれの種から拡がって効果的に拡散することが期待できる.

図 3.6 は, 時刻 t までの感染数の累積値を表す R 状態のノード割合 $R(t) \stackrel{\rm def}{=} \sum_{i=1}^{N} P_i^R(t)$ の時間発展が一定値に収束することを示す[5]. ただ

4　感染データからも, $\beta = \lambda\frac{\langle k\rangle}{\langle k^2\rangle}$ と定めるのは現実的 [83].

5　各時刻 t での S,I 状態のノード割合は $S(t) \stackrel{\rm def}{=} \sum_{i=1}^{N} P_i^S(t)$, $I(t) \stackrel{\rm def}{=} \sum_{i=1}^{N} P_i^I(t)$, $S(t) + I(t) + R(t) = 1$ である.

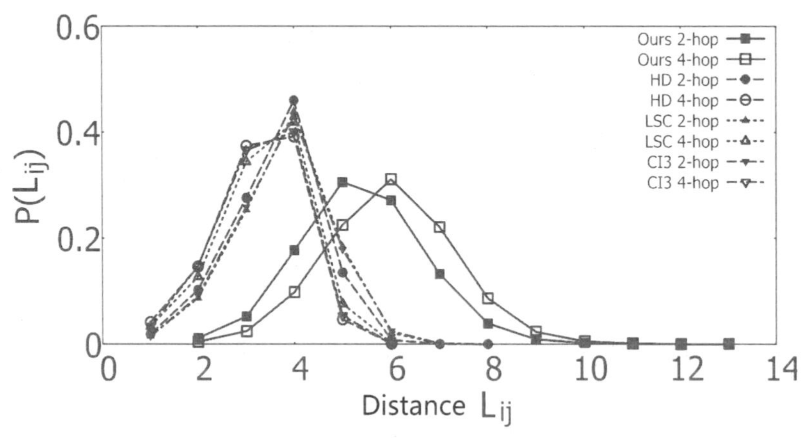

図 3.5　種ノード i, j 間のホップ数距離 L_{ij} の分布 $P(L_{ij})$. [75] より一部抜粋.

し, $l = 1, 2, 4$-ホップ被覆に応じて, 種ノード数は $N_s = 3517, 885, 407$ と少なくなるため, 収束が若干緩やかになっている. 同じ種数で異なる種ノードを選ぶ実線の提案法 [75] は, 代表的な従来法の他線（点線 HD, 破線 LSC, 一点鎖線 CI_3）[6]より上に位置して, 感染力がより高いと言える. 提案法が高い感染力を持つ理由として, 図 3.5 に示したように種ノードが離れて存在するために, 拡散の重なりが小さく効果的に拡がったと考えられる. 図示してないが, SIR モデルにおける通常の式 (3.1)(3.2)(3.3) に基づくサンプル平均値の計算と比べて, メッセージ伝搬式 (3.4)(3.5)(3.6) に基づく計算は $N_{sample}/T = 10^3/50 \approx 20 \sim 30$ 倍ほど高速化できている [75].

さらに図 3.7 は, 感染率のパラメータ λ 値に対する（$I(t_c) = 0$ となる）収束時 t_c の累積感染割合 $R(t_c)$ のグラフで, 実線の提案法が他線より上で, より多くのノードに拡散して, 特に $l \geq 2$ では, $\lambda \geq 6$ なら全体の 8 割以上まで拡がり得る. 表 3.2 は, 一つの種ノード当りの収束時の累積感染

6　k-core や LC で種ノードを選んだ場合は CI_3 や LSC で選んだ場合より劣って $R(t)$ 値が多少低くなる. 煩雑になるのを避けるためにそれらの図示を省いたが, 詳しくは文献 [75] 参照.

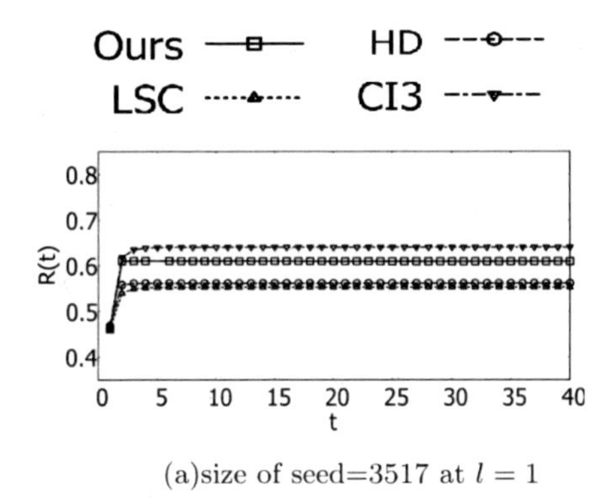

(a)size of seed=3517 at $l = 1$

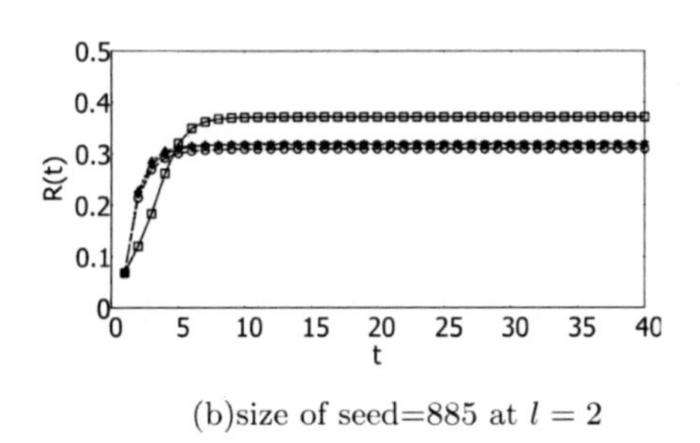

(b)size of seed=885 at $l = 2$

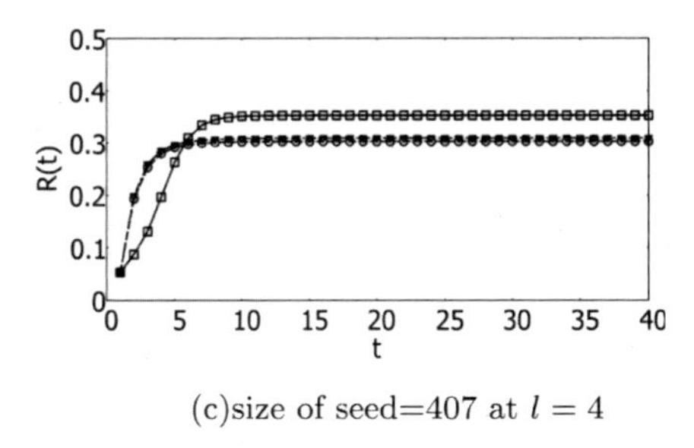

(c)size of seed=407 at $l = 4$

図 3.6　累積感染割合 $R(t)$ の時間発展. [75] より一部抜粋.

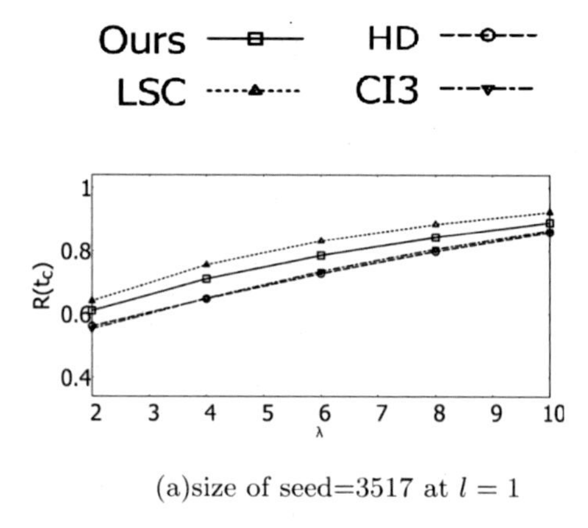

(a)size of seed=3517 at $l = 1$

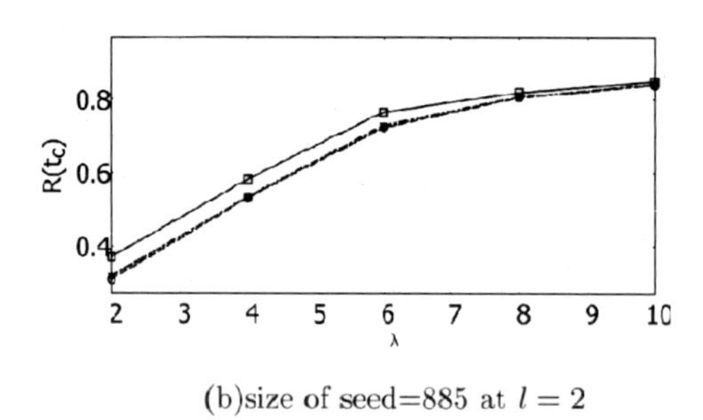

(b)size of seed=885 at $l = 2$

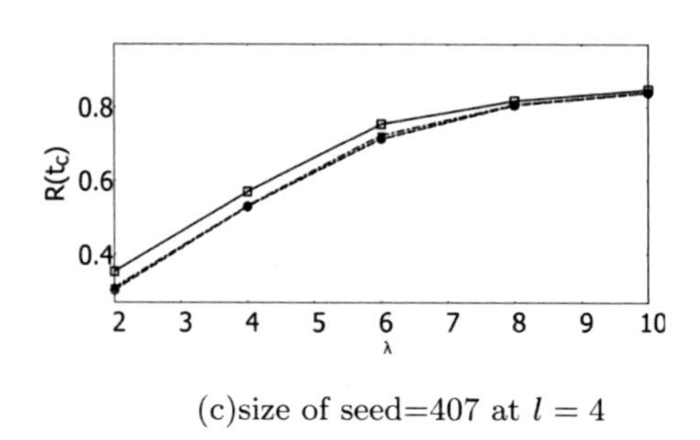

(c)size of seed=407 at $l = 4$

図 3.7　感染確率のパラメータ λ 値に対する収束時 t_c の累積感染割合 $R(t_c)$.
[75] より一部抜粋.

数を示し, 従来法より提案法の方が値が大きい. 種ノード間がより離れて l の値に比例以上, また感染力パラメータ λ に対して比例よりは弱いが値が大きいほど, 表中の値が大きくなってより効果的に拡散する傾向が伺える.

表 3.2　感染率 $\beta = \lambda \frac{\langle k \rangle}{\langle k^2 \rangle}$ の各パラメータ λ における一種当りの累積感染数 $N \times R(t_c)/N_s$.

	$\lambda = 2$			$\lambda = 4$			$\lambda = 8$		
l-hops	1	2	4	1	2	4	1	2	4
N_s	3517	885	407	3517	885	407	3517	885	407
提案法 [75]	1.341	3.608	6.622	1.543	4.549	8.960	1.830	7.197	15.29
HD	1.242	2.879	5.685	1.406	3.823	8.067	1.733	6.976	15.07
LSC	1.221	3.009	5.791	1.410	3.961	8.122	1.751	6.999	15.13
CI_3	1.419	3.028	5.808	1.639	3.934	8.121	1.920	6.996	15.10

3.6 やや発展的な話題

これまで議論してきた l-ホップ被覆問題を l-ホップ支配集合 (DS: Dominating Set) 問題と命名して, その候補を各ノードから l-ホップ以内で届くノード数の順に選ぶ貪欲ヒューリスティック法 [84] や, NP 困難な最小 l-ホップ支配集合問題をニューラルネットで近似的に解く手法 [85] がある（グラフ最適化問題の近似解法への似た試みとして 4.7 節も参照）. ちなみに, DS 問題は SC 問題に含まれ, SC 問題は VC 問題に多項式変換できる [74].

本章では, ある単一の情報（や感染する病原菌）の伝搬を暗黙に仮定して議論してきた. ところが, より現実的な情報伝搬を想定すると, 異なる複数の情報が同時進行的に伝搬して互いに影響を及ぼし合うと考えるのがむしろ自然である. そこで, 誤情報の伝搬やそれを最小化するためのリンクの阻止 [86], 肯定的と否定的な情報の制御など, 種々の課題 [87] が考えられ, さらに宣伝効果に対する Twitter や Instagram など個別のメディア特性の考慮を含めて, 今後の検討を要する.

第4章

高速な近似解法

統計物理学のアプローチから，NP 困難な組合せ最適化問題を効率よく近似的に解く手法を紹介する．これらはグラフィカルモデルにおける確率伝搬法と似て非なるものと考えられるが，（局所）平衡解に収束させる集団的計算として実用性が高く，関連する研究開発動向にも注目されたい．

4.1　本章のあらまし

本章では，グラフ最適化問題の近似解法として統計力学的なアプローチを手短に紹介する．本書の内容を理解するために，熱力学や磁性体の物性論に関しての事前知識等は全く不要であるが，興味があれば他書（例えば[88, 89]）を参照されたい．物理現象を抽象化して，粒子に対応するノードの相互作用により，全体の状態が決まるとイメージして頂ければよい．

例えば，互いに作用し合う，万有引力による惑星の運動，分子間の磁性や熱力学，ウィルスや匂いの拡散や凝集，生物の群れ運動などにおけるエネルギー最小化等の平衡状態への遷移過程が，以下の集団的計算に類似する．

4.2　統計力学的な Cavity 法

多数の要素（ノードなど）が相互作用する系において最近接相互作用のみ厳密に評価して，それ以外の影響は周辺分布で近似して解く Bethe-Peierls 近似 [90] を Hamiltonian 形式で表現されない一般的な確率モデルに対して拡張した Cavity（空洞）法を考える [91].

Cavity 法では，図 4.1 のように，仮にノード i を除去したとすると，隣接ノード $j, k, l, m \in \partial i$ は部分木に分かれて互いに独立であると仮定する（実際は隣接ノード間はある経路で繋がっているかも知れないとしても）．例えば，ノード i の根を状態 A_i と表記し，i の根が存在しない状態は非占有 $A_i = 0$ と定義する．また，A_i に関するノード i とリンク $j \to i$ の周辺分布を $q_i^{A_i}$, $q_{j\to i}^{A_j}$ と表記すると，隣接ノード集合の状態 $\{A_j\}$ の同時分布 $\mathcal{P}_{\setminus i}(A_j : j \in \partial i)$ は先の仮定から独立積として，

$$\mathcal{P}_{\setminus i}(A_j : j \in \partial i) \approx \Pi_{j\in\partial i} q_{j\to i}^{A_j}.$$

と書き表される．

以下，3.5 節や 5.5 節で扱う NP 困難な最小 FVS 問題を近似的に解くために Cavity 法を適用する．各ノード i が取り得る状態 A_i は，周りの隣接ノード $j \in \partial i$ の状態に影響されて以下のように場合分けされる [91].

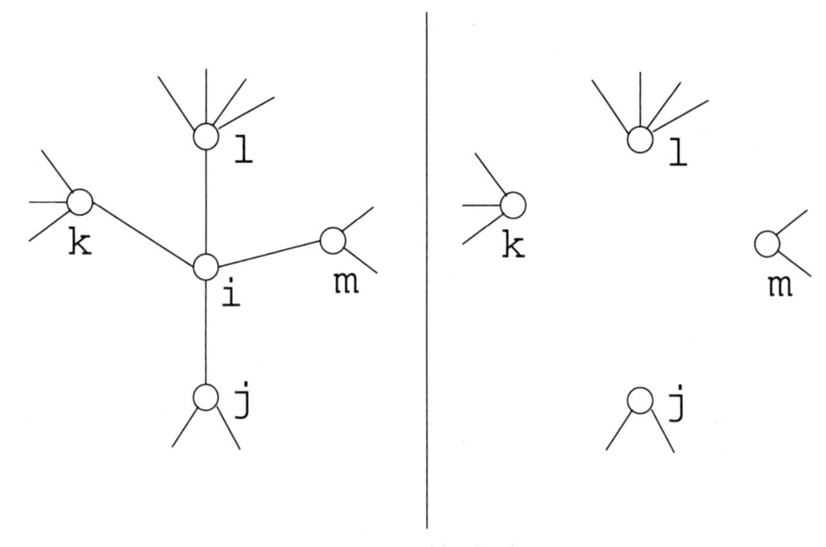

図 4.1 Cavity（空洞）グラフ.

(a) $A_i = 0$: i は非占有の状態で, 木の根として不要.
$\Rightarrow$ 木以外のループ形成の為のノード, FVS の候補.

(b) $A_i = i$: i 自身が根. i が追加結合されたとき, 隣接 $j \in \partial i$ の状態 $A_j = j$ は, i が j の根の状態 $A_j = i$ に変化可.

(c) $A_i = l$: i が追加結合されたとき, ある隣接 $l \in \partial i$ が存在して, 他の全ての $k \in \partial i$ が非占有あるいは根なら, l が i の根.

これら三通りに対応したノード i の根を表す状態 $A_i = 0, i, l \in \partial i$ の各確率 $q_i^0,\, q_i^i,\, q_i^l,$　として,

(a) i が非占有の確率：$q_i^0 = \frac{e^{-x}}{z_i^{FVS}}$,

(b) $j \in \partial i$ が非占有あるいは根で, i が根の確率：

$$q_i^i = \frac{\Pi_{j \in \partial i}(q_{j \to i}^0 + q_{j \to i}^j)}{z_i^{FVS}},$$

(c) $l \in \partial i$ が占有かつ他の $k \in \partial i$ は非占有あるいは根で, i の根が l の

確率：

$$q_i^l = \frac{(1-q_{l\to i}^0)\Pi_{k\in\partial i\backslash l}(q_{k\to i}^0 + q_{k\to i}^k)}{z_i^{FVS}},$$

と書き表される．ここで，正規化条件 $q_i^0 + q_i^i + \sum_{l\in\partial i} q_i^l = 1$ より，

$$z_i^{FVS} \stackrel{\text{def}}{=} e^{-x} + \left\{\Pi_{j\in\partial i}(q_{j\to i}^0 + q_{j\to i}^j) + \sum_{l\in\partial i}(1-q_{l\to i}^0)\Pi_{k\in\partial i\backslash l}(q_{k\to i}^0 + q_{k\to i}^k)\right\},$$

とする．

これらからメッセージ伝搬による各確率の右辺から左辺への BP 更新式として，

$$q_i^0 = \frac{e^{-x}}{e^{-x} + \left\{1 + \sum_{k\in\partial i}\frac{1-q_{k\to i}^0}{q_{k\to i}^0 + q_{k\to i}^k}\right\}\Pi_{j\in\partial i}\left(q_{j\to i}^0 + q_{j\to i}^j\right)}, \tag{4.1}$$

$$q_{i\to j}^0 = \frac{e^{-x}}{z_{i\to j}^{FVS}(t)}, \tag{4.2}$$

$$q_{i\to j}^i = \frac{\Pi_{k\in\partial i\backslash j}\left(q_{k\to i}^0 + q_{k\to i}^k\right)}{z_{i\to j}^{FVS}}, \tag{4.3}$$

$$q_{i\to j}^l = \frac{(1-q_{l\to i}^0)\Pi_{k\in\partial i\backslash j,l}(q_{k\to i}^0 + q_{k\to i}^k)}{z_{i\to j}^{FVS}}, \quad l\in\partial i\backslash j, \tag{4.4}$$

$$z_{i\to j}^{FVS} \stackrel{\text{def}}{=} e^{-x} + \left\{\Pi_{k\in\partial i\backslash j}\left(q_{k\to i}^0 + q_{k\to i}^k\right) \times \left(1 + \sum_{l\in\partial i\backslash j}\frac{1-q_{l\to i}^0}{q_{l\to i}^0 + q_{l\to i}^l}\right)\right\}, \tag{4.5}$$

となる [91]．ここで，∂i は離散時刻 t における i の隣接ノード集合，$\partial i\backslash j$ は ∂i から j を除いた集合，e^{-x} は最小化のためのペナルティ

項で $x > 0$ は逆温度パラメータと呼ばれる．式 (4.5) は正規化条件 $q^0_{i\to j} + q^i_{i\to j} + \sum_{l\in\partial i\backslash j} q^l_{i\to j} = 1$ による．このBP法を，ラウンド反復処理を含めたアルゴリズムとして書籍 [44] に記述しているので参照されたい．

BP 更新式 (4.2)(4.3)(4.4) の平衡点[1]は，以下の自由エネルギー[2] F^{FVS} の最小化に対応する．

$$F^{FVS} \stackrel{\mathrm{def}}{=} \sum_{i=1}^{N} \Phi_i^{FVS} - \sum_{i,j} \alpha_{ij} \Phi_{ij}^{FVS}, \tag{4.6}$$

$$\begin{aligned}\Phi_i^{FVS} \stackrel{\mathrm{def}}{=} -\frac{1}{x}\ln\Big[&e^{-x} + \Pi_{k\in\partial i}\left(q^0_{k\to i} + q^k_{k\to i}\right)\\ &+ \sum_{l\in\partial i}(1 - q^0_{l\to i})\Pi_{k\in\partial i\backslash l}(q^0_{k\to i} + q^k_{k\to i})\Big],\end{aligned} \tag{4.7}$$

$$\begin{aligned}\Phi_{ij}^{FVS} \stackrel{\mathrm{def}}{=} -\frac{1}{x}\ln\Bigg[&\left(q^0_{j\to i} + q^j_{j\to i} + \sum_{i'\in\partial j\backslash i} q^{l'}_{j\to i}\right) q^0_{i\to j}\\ &+ \left(q^0_{j\to i} + q^j_{j\to i} + \sum_{i'\in\partial j\backslash i} q^{l'}_{j\to i}\right) q^i_{i\to j}\\ &+ \sum_{l\in\partial i\backslash j}\left(q^0_{j\to i} + q^j_{j\to i}\right) q^l_{i\to j}\Bigg].\end{aligned} \tag{4.8}$$

式 (4.6)(4.7)(4.8) に従った自由エネルギーの極小点

$$\frac{\partial\left(xF^{FVS}\right)}{\partial q^0_{j\to i}} = 0, \quad \frac{\partial\left(xF^{FVS}\right)}{\partial q^j_{j\to i}} = 0, \quad \frac{\partial\left(xF^{FVS}\right)}{\partial q^{l'}_{j\to i}} = 0, \quad l' \in \partial j\backslash i, \tag{4.9}$$

は，上記の式 (4.6)(4.7)(4.8) から導かれる各成分として，

1 右辺から左辺に代入する更新式で，右辺と左辺が等しくなる状態集合の $2M$ 次元の点．

2 自由エネルギーの「自由」とは，熱力学において本来使えたはずのエネルギーが不可逆過程で無駄に捨てられてしまった量，すなわち，その気になって工夫すれば仕事量として自由に取り出せるエネルギーの量を意味する [92]．

$$\frac{\textbf{式 (4.2) 右辺分子}}{\Phi_i^{FVS}\textbf{の右辺} \ln \textbf{中部分}} - \alpha_{ij} \frac{q_{i\to j}^0}{\Phi_{ij}^{FVS}\textbf{の右辺} \ln \textbf{中部分}} = 0, \tag{4.10}$$

$$\frac{\textbf{式 (4.3) 右辺分子}}{\Phi_i^{FVS}\textbf{の右辺} \ln \textbf{中部分}} - \alpha_{ij} \frac{q_{i\to j}^i}{\Phi_{ij}^{FVS}\textbf{の右辺} \ln \textbf{中部分}} = 0, \tag{4.11}$$

$$\frac{\textbf{式 (4.4) 右辺分子}}{\Phi_i^{FVS}\textbf{の右辺} \ln \textbf{中部分}} - \alpha_{ij} \frac{q_{i\to j}^l}{\Phi_{ij}^{FVS}\textbf{の右辺} \ln \textbf{中部分}} = 0, \quad l \in \partial i \backslash j, \tag{4.12}$$

を満たすとき，すなわち，BP 更新式 (4.2)(4.3)(4.4) の平衡点で与えられる[3].

ここで,

$$\alpha_{ij} \stackrel{\text{def}}{=} \frac{\Phi_{ij}^{FVS}\text{の右辺} \ln \text{中部分} \times z_{ij}^{FVS}}{\Phi_i^{FVS}\text{の右辺} \ln \text{中部分}},$$

とした上式右辺は BP 更新式 (4.2)(4.3)(4.4) の平衡点の値で定義される. ただし, その収束性は木構造の場合以外は理論的に保証されないが, 実際に適用してみて数値計算では問題ないことが多い（次節の SP 法でも同様)[4].

本節の最小 FVS 問題や次節の最小 VC 問題に対するそれら近似解法の議論を拡張して, 4.4 節にてその一般論を述べるが, 積和 (product-sum) 型式において, $1 = q_{j\to i}^0 + q_{j\to i}^j + \sum_{k\in\partial j\backslash i} q_{j\to i}^k$ や $1 - q_{j\to i}^0 = q_{j\to i}^j + \sum_{k\in\partial j\backslash i} q_{j\to i}^k$ と表現されることを上記の極小点の導出で用いてることに留意されたい.

問題 4-1

BP 更新式 (4.2)(4.3)(4.4) の平衡点が自由エネルギー F^{FVS} の極小

3　式 (4.7) 右辺の e^{-x} には $\times\Pi_{j\in\partial i}(q_{j\to i}^0 + q_{j\to i}^j + \sum_{l'\in\partial j\backslash i} q_{j\to i}^{l'}) = 1$ が隠れていることに注意. また, 式 (4.10)(4.11)(4.12) のいくつかを用いて, 式 (4.9) のそれぞれが成り立つ.

4　例えば, ループ長が平均的に $O(\log N)$ のランダムグラフは局所木構造で [93], 実際十分に適用可能と考えられる.

点を与えることを, 自身で計算して導出せよ.

これらメッセージ伝搬による状態確率の更新式は, 隣接ノードの状態確率のみに依存するため, 分散処理に適していて, 3.4 節の間引きを行うと, 各時刻で複数同時に更新する同期更新でも, ラウンド反復処理の逐次更新とほとんど同じ結果が得られることが多い.

例として表 4.1 に, 異なる四種類の乱数値で状態確率の値を初期設定した場合で, 一様ランダムなノード順にしたラウンド反復の逐次更新 (Round) と同期更新 (Sync) で推定されたノードの一致数を示す[5].

表 4.1 $N = 7624$ のある社会ネットワークに対して推定された FVS の重なり度. 左|中央|右の各値は, Round のみ|共通|Sync のみ の FVS 数をそれぞれ表す. 逆温度 $x = 7$, ラウンド反復数 $T = 20$.

Round \ Sync	rand1	rand2	rand3	rand4	|FVS|
rand1	169|1388|176	171|1386|178	164|1393|171	179|1378|184	1557
rand2	165|1395|169	172|1388|176	180|1380|184	191|1369|193	1560
rand3	178|1387|177	176|1389|175	186|1379|185	203|1362|200	1565
rand4	167|1392|172	172|1387|177	175|1384|180	191|1368|194	1559
|FVS|	1564	1564	1564	1562	

4.3 最小 VC 問題に対するサーベイ伝搬

同様に, 最小 VC 問題を近似的に解くために Cavity 法を適用する [96]. VC では, 各辺の両端ノードの少なくとも片方は被覆状態になる必要性があることから, 各ノード i の状態はその隣接ノードの状態に応じて以下のように場合分けされる（図 4.2 参照）. ここで, 被覆, 非被覆, ジョーカー（被覆と非被覆が半々くらい）のそれぞれの状態を, 1, 0, $*$ で表記する.

5 この BP 法で推定された FVS のサイズ|FVS|は, コンピュータ科学の 2-近似アルゴリズム [94] によるサイズの半分程度でほぼ最適解が得られる.

(a) 隣接ノードに非被覆が一つも存在しないとき, i は非被覆状態 0：白色で良い.

(b) 隣接ノードに非被覆が一つだけ存在するとき, i はジョーカー状態 $*$：灰色とする.

(c) 隣接ノードに非被覆が二つ以上存在するとき, i は被覆状態 1：黒色になるべき.

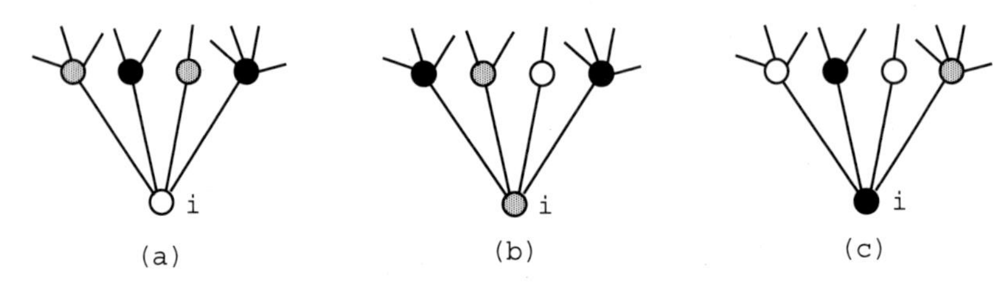

図 4.2　VC 問題におけるノードの状態.

上記に従って, ノード i におけるこれら三状態の確率はそれぞれ,

$$\pi_i^0 = \frac{\Pi_{j\in\partial i}(1-\pi_{j\to i}^0)}{z_i^{VC}},$$

$$\pi_i^* = \frac{e^{-x}\sum_{j\in\partial i}\pi_{j\to i}^0\Pi_{j'\in\partial i\backslash j}(1-\pi_{j'\to i}^0)}{z_i^{VC}},$$

$$\pi_i^1 = \frac{e^{-x}\left[1-\Pi_{j\in\partial i}(1-\pi_{j\to i}^0)-\sum_{j\in\partial i}\pi_{j\to i}^0\Pi_{j'\in\partial i\backslash j}(1-\pi_{j'\to i}^0)\right]}{z_i^{VC}},$$

と書き表される. ただし, 正規化条件 $\pi_i^0+\pi_i^*+\pi_i^1=1$ より,

$$z_i^{VC} \stackrel{\mathrm{def}}{=} e^{-x}\left[1-(1-e^{x})\Pi_{j\in\partial i}(1-\pi_{j\to i}^0)\right],$$

とする. e^{-x} は最小 VC のためのペナルティ項, x は逆温度パラメータである.

これらからメッセージ伝搬による各確率の右辺から左辺への SP 更新式として,

$$\pi^0_{i\to j} = \frac{\Pi_{k\in\partial i\backslash j}(1-\pi^0_{k\to i})}{z^{VC}_{ij}}, \tag{4.13}$$

$$\pi^*_{i\to j} = \frac{e^{-x}\sum_{k\in\partial i\backslash j}\pi^0_{k\to i}\Pi_{k'\in\partial i\backslash j,k}(1-\pi^0_{k'\to i})}{z^{VC}_{ij}}, \tag{4.14}$$

$$\pi^1_{i\to j} = \frac{e^{-x}\left[1-\Pi_{k\in\partial i\backslash j}(1-\pi^0_{k\to i})-\sum_{k\in\partial i\backslash j}\pi^0_{k\to i}\Pi_{k'\in\partial i\backslash j,k}(1-\pi^0_{k'\to i})\right]}{z^{VC}_{ij}}, \tag{4.15}$$

$$z^{VC}_{ij} \stackrel{\text{def}}{=} e^{-x}\left[1-(1-e^{x})\Pi_{k\in\partial i\backslash j}(1-\pi^0_{k\to i})\right], \tag{4.16}$$

となる[6]. もちろん, 各リンク $i\to j$ に対して正規化条件 $\pi^0_{i\to j}+ i^*_{i\to j}+\pi^1_{i\to j}=1$ が成り立つ.

統計力学では一般に, 唯一の Replica 対称解 [95] ではなく, 互いに行き来ができない多数の解が存在することがある. そこで, それらの解をサーベイする = 調べるのが, サーベイ伝搬 (SP) 法である. その際, 熱の出入りに相当する逆温度パラメータ x 値の変化のみならず, 被覆と非被覆の中間的なジョーカー状態の数に自由度を与えて可変にするのは, 大正準 (Grand Canonical) 統計における粒子の出入り [92] に対応して探索空間を広げていることに相当する.

ここで, 式 (4.14)(4.15) の各右辺からその左辺の状態 $*$ および 1 の確率と式 (4.16) 右辺から $z^{VC}_{i\to j}$ は状態 0 の確率のみに依存して決まる. ゆえに, SP 更新式 (4.13) の平衡点は, 以下の自由エネルギー F^{VC} の極小点を与える.

$$F^{VC} \stackrel{\text{def}}{=} \sum_{i=1}^{N}\Phi^{VC}_i - \sum_{i,j}\beta_{ij}\Phi^{VC}_{ij}, \tag{4.17}$$

6 ノード i の次数 d_i 個の 1 番から (d_i-1) 番の各隣接ノードごと, 式 (4.14) 分子の $\sum_{k\in\partial i\backslash j}$ の各要素を $\pi^{*1}_{i\to j},\ldots,\pi^{*(d_i-1)}_{i\to j}$ にそれぞれ分配すれば, 4.4 節で述べる積和形式になる.

$$\Phi_i^{VC} \stackrel{\mathrm{def}}{=} \frac{1}{x}\ln\left[\Pi_{k\in\partial i}(1-\pi^0_{k\to i})\right], \tag{4.18}$$

$$\Phi_{ij}^{VC} \stackrel{\mathrm{def}}{=} -\frac{1}{x}\ln\left[\pi^0_{j\to i}\pi^0_{i\to j}\right]. \tag{4.19}$$

すなわち, 式 (4.17)(4.18)(4.19) に従った自由エネルギーの極小点

$$\frac{\partial\left(xF^{VC}\right)}{\partial\pi^0_{j\to i}} = 0,$$

は, 上記の式 (4.17)(4.18)(4.19) から導かれる成分として

$$\frac{\text{式 (4.13) 右辺分子}}{\Phi_i^{VC}\text{の右辺}\ln\text{中部分}} - \beta_{ij}\frac{\pi^0_{i\to j}}{\Phi_{ij}^{VC}\text{の右辺}\ln\text{中部分}} = 0,$$

を満たす, SP 更新式 (4.13) の平衡点で与えられる. ここで,

$$\beta_{ij} \stackrel{\mathrm{def}}{=} \frac{\Phi_{ij}^{VC}\text{の右辺}\ln\text{中部分}\times z_{ij}^{VC}}{\Phi_i^{VC}\text{の右辺}\ln\text{中部分}},$$

とした上記右辺は SP 更新式 (4.13) の平衡点の値で定義される.

4.4　平衡点の安定性解析

前節の SP 法による近似解として得られた平衡点の安定性解析 [96] を紹介する. まず, 平衡点 $\{\pi^0_{i\to j}\}$ 付近の摂動を以下の正規分布で表現する.

$$f(\pi^0_{i\to j}) \stackrel{\mathrm{def}}{=} \frac{1}{\sqrt{2\pi}\epsilon_{i\to j}}\exp\left\{-\frac{(\pi^0_{i\to j}-\bar{\pi}^0_{i\to j})^2}{2(\epsilon_{i\to j})^2}\right\},$$

ここで, $\bar{\pi}^0_{i\to j}$ と $(\epsilon_{i\to j})^2$ は正規分布の平均と分散である.

このとき, SP 更新式による微小変化は, Tayor 展開を用いて,

$$\hat{\pi}_{i\to j}(\{\pi_{k\to i}\}) = \pi^0_{i\to j} + \sum_{k\in\partial i\backslash j}\frac{\partial\pi^0_{i\to j}}{\partial\pi^0_{k\to i}}(\pi_{k\to i}-\pi^0_{k\to i})$$

$$+\frac{1}{2}\sum_{l,k\in\partial i\backslash j}\frac{\partial^2\pi^0_{i\to j}}{\partial\pi^0_{k\to i}\partial\pi^0_{l\to i}}(\pi_{k\to i}-\pi^0_{k\to i})(\pi_{l\to i}-\pi^0_{l\to i}) + O(\epsilon^3),$$

と表される．この更新の平均的挙動を考えると，奇数項は正規分布の平均からの正負の値で相殺されて，以下のようになる．

$$\langle \pi_{i\to j}\rangle = \int \Pi_{k\in\partial i\backslash j} f(\pi_{k\to i})\hat{\pi}_{i\to j}(\{\pi_{k\to i}\})d\pi_{k\to i}$$

$$= \pi^0_{i\to j} + \frac{1}{2}\sum_{k\in\partial i\backslash j}\frac{\partial^2\pi^0_{i\to j}}{(\partial\pi^0_{k\to i})^2}(\epsilon_{k\to i})^2,$$

$$\langle (\pi_{i\to j})^2\rangle = \int \Pi_{k\in\partial i\backslash j} f(\pi_{k\to i})(\hat{\pi}_{i\to j}(\{\pi_{k\to i}\}))^2 d\pi_{k\to i}$$

$$= (\pi^0_{i\to j})^2 + \pi^0_{i\to j}\sum_{k\in\partial i\backslash j}\frac{\partial^2\pi^0_{i\to j}}{(\partial\pi^0_{k\to i})^2}(\epsilon_{k\to i})^2$$

$$+ \sum_{k\in\partial i\backslash j}\left(\frac{\partial\pi^0_{i\to j}}{\partial\pi^0_{k\to i}}\right)^2(\epsilon_{k\to i})^2,$$

これらから，更新による摂動の分散は

$$\langle (\pi_{i\to j})^2\rangle - (\langle \pi_{i\to j}\rangle)^2 = \sum_{k\in\partial i\backslash j} T_{i\to j,k\to i}\times(\epsilon_{k\to i})^2,$$

$$T_{i\to j,k\to i} \stackrel{\mathrm{def}}{=} \left(\frac{\partial\pi^0_{i\to j}}{\partial\pi^0_{k\to i}}\right)^2,$$

となる．よって，平衡点の安定性は，SP 更新式 (4.13) 右辺から求められる Jacobi 行列 $T_{i\to j,k\to i}$ の最大固有値が，1 より小さくなるかどうかで決まる（2.5 節における CI の導出過程の反復写像と同様）．

以上の議論の主要な部分は，正規分布と Taylor 展開のみに基づき，SP 法の更新式は最後の Jacobi 行列の計算に用いられるだけなので，4.2 節の BP 法（及び，より一般的な 4.5 節のメッセージ伝搬法）にも同様に適用可能と考えられる．ただし，これら平衡点の安定性解析は理論的に興味深いものの，実用上は平衡点へ収束する前に，3.4 節で述べた間引き (decimation) で VC や FVS の候補として該当する状態確率の最大ノードを一個ずつ選べば良く，特に神経質になる必要性はないかもしれない．

4.5　より一般的な自由エネルギー最小化

文献 [97] を見倣って，より一般的な積和 (product-sum) 型式の以下のメッセージ伝搬による右辺から左辺への更新式を考えよう．

$$q^{\alpha}_{i\to j} = \frac{e^{-x}}{z_{ij}} \Pi_{k\in\partial i\setminus j} \left(\sum_{\epsilon\in S_\alpha} q^{\epsilon}_{k\to i} \right), \tag{4.20}$$

$$q^{\beta}_{i\to j} = \frac{1}{z_{ij}} \Pi_{k\in\partial i\setminus j} \left(\sum_{\epsilon'\in S_\beta} q^{\epsilon'}_{k\to i} \right), \tag{4.21}$$

$$\vdots$$

$$q^{\omega}_{i\to j} = \frac{1}{z_{ij}} \Pi_{k\in\partial i\setminus j} \left(\sum_{\epsilon''\in S_\omega} q^{\epsilon''}_{k\to i} \right),$$

ここで，全体の状態集合 $\Omega = \{\alpha, \beta, \ldots, \epsilon, \ldots, \mu, \ldots, \omega\}$，状態 ϵ に影響を与える状態の部分集合を $S_\epsilon \subset \Omega$ と表記する．$q^{\alpha}_{i\to j}, \ldots, q^{\omega}_{i\to j}$ は（ノード i に関する）各状態 $\alpha, \ldots, \omega$ の確率，e^{-x} は状態 α などの数を最小化するためのペナルティ項で，x は逆温度パラメータを表す．もちろん，各リンク $i \to j$ に対して，正規化条件 $\sum_{\epsilon\in\Omega} q^{\epsilon}_{i\to j} = 1$ が成り立つ．

上記の更新式の平衡点は以下の自由エネルギー F の最小点を与える．

$$F \overset{\text{def}}{=} \sum_{i=1}^{N} \Phi_i - \sum_{ij} \gamma_{ij} \Phi_{ij},$$

$$\Phi_i \overset{\text{def}}{=} -\frac{1}{x} \ln \left[\sum_{\epsilon\in\Omega} \left\{ q^{\epsilon}_{i\to j} \text{の更新式右辺分子の} \Pi_{k\in\partial i} \left(\sum_{\epsilon'\in S_\epsilon} \text{の項} \right) \right\} \right],$$

$$\Phi_{ij} \overset{\text{def}}{=} -\frac{1}{x} \ln \left[\sum_{\epsilon\in\Omega} \left(\sum_{\epsilon'\in S_\epsilon} q^{\epsilon}_{i\to j} \times q^{\epsilon'}_{j\to i} \right) \right],$$

$$\gamma_{ij} \overset{\text{def}}{=} \frac{\Phi_{ij}\text{の右辺}\ln\text{中部分} \times z_{ij}}{\Phi_i\text{の右辺}\ln\text{中部分}},$$

定数 γ_{ij} は平衡点の状態確率の値で定義される．

例えば，$\mu \in S_\alpha \cup S_\beta$ とすると，　自由エネルギー F の極小点

$$
\frac{\partial(xF)}{\partial q^{\mu}_{j\to i}} = \frac{1}{\Phi_i\text{の右辺}\ln\text{中部分}}\left(\text{式 (4.20) 右辺分子} + \text{式 (4.21) 右辺分子}\right)
$$
$$
-\frac{\gamma_{ij}}{\Phi_{ij}\text{の右辺}\ln\text{中部分}}\left(q^{\alpha}_{i\to j} + q^{\beta}_{i\to j}\right) = 0,
$$

は，上記から導かれる各成分として，

$$
\frac{\text{式 (4.20) 右辺分子}}{\Phi_i\text{の右辺}\ln\text{中部分}} - \gamma_{ij}\frac{q^{\alpha}_{i\to j}}{\Phi_{ij}\text{の右辺}\ln\text{中部分}} = 0,
$$

$$
\frac{\text{式 (4.21) 右辺分子}}{\Phi_i\text{の右辺}\ln\text{中部分}} - \gamma_{ij}\frac{q^{\beta}_{i\to j}}{\Phi_{ij}\text{の右辺}\ln\text{中部分}} = 0,
$$

を満たす式 (4.20)(4.21) の平衡点で与えられる．他の状態 $\epsilon \neq \mu$ に関する $q^{\epsilon}_{j\to i}$ の偏微分でも同様である．

問題 4-2

BP 更新式 (4.2)(4.3)(4.4) や SP 更新式 (4.13)(4.14)(4.15) を含め，それらを一般化した更新式 (4.20)(4.21) について，ノード数とリンク数のサイズ N, M に関する計算量を求めよ．ただし，状態数 $|\Omega|$ は一定値，最大次数は $O(\sqrt{N}) \sim O(\log N)$（問題 1.3 参照），一定のラウンド数 T と考える．

4.6 グラフィカルモデルの確率伝搬との相違

本節では，

> 前節までの BP 法や SP 法は，グラフィカルモデルの BP 法と（同じ名前でも）似て非なるものである

ことを概説する．複数の状態の組合せ的な影響を考えて確率伝搬させるのと，同時分布を周辺分布で近似するために同じ状態の確率を伝搬させるので目的が異なり，それが和積 (sum-product) 型式や（MAP 推定のため

の）最大積 (max-product) 型式 [98] と積和 (product-sum) 型式との表現の違いになっていると考えられる.

グラフィカルモデルには, 有向グラフ上で確率的な因果関係を推論するベイジアンネットワークと, 無向グラフ上で画像修復など確率的な依存関係を考えるマルコフ確率場がある [90, 99]. いずれも, 各ノード i の確率変数 x_i が 0 または 1 の真偽値, あるいは血液型など有限個の離散状態を取るとして, その確率をグラフ上の相互作用に従った同時分布として求める[7].

確率変数 $x_1, x_2, \ldots, x_N$ の同時分布 $P(x_1, x_2, \ldots, x_N)$ が以下のように周辺分布 $\phi_{ij}(x_i, x_j)$ と $\phi_i(x_i)$ の積で表されるとする.

$$P(x_1, x_2, \ldots, x_N) = \frac{1}{Z}\Pi_{ij}\phi_{ij}(x_i, x_j)\Pi_i\phi_i(x_i).$$

ただし, 規格化定数 Z は取り得る全ての状態（の膨大な組合せ）に関する量で一般にその計算は困難である.

そこで, 上記の周辺分布の近似を考え, 二つの確率分布 b_{ij} と ϕ_{ij} や, b_i と ϕ_i の距離を測る Kullback-Leibler 情報量

$$D_{KL}(b_{ij}; \phi_{ij}) \stackrel{\text{def}}{=} \sum_{x_i, x_j} b_{ij}(x_i, x_j) \ln\left(\frac{b_{ij}(x_i, x_j)}{\phi_{ij}(x_i, x_j)}\right),$$

$$D_{KL}(b_i; \phi_i) \stackrel{\text{def}}{=} \sum_{x_i} b_i(x_i) \ln\left(\frac{b_i(x_i)}{\phi_i(x_i)}\right),$$

に基づいた変分問題として, Bethe 自由エネルギー

$$\mathcal{F} \stackrel{\text{def}}{=} \sum_{ij} D_{KL}(b_{ij}; \phi_{ij}) - \sum_i (k_i - 1) D_{KL}(b_i; \phi_i), \tag{4.22}$$

の最小化を考える [101]. k_i はノード i の次数である.

式 (4.22) の最小化で b_i と b_{ij} を推定するために, 各状態 x_i に関するメッセージを i の隣接ノード $k \in \partial i \backslash j$ から収集する右辺から左辺への BP 更新式

$$m_{ij}(x_j) = \alpha \sum_{x_i} \phi_{ij}(x_i, x_j)\phi_i(x_i)\Pi_{k \in \partial i \backslash j} m_{ki}(x_i), \tag{4.23}$$

7　以下の資料も参照されたい：川本一彦, いまさら聞けない グラフィカルモデル入門 https://www.slideshare.net/Kawamoto_Kazuhiko/ss-35483453

の収束値で信念 (belief) の確率

$$b_i(x_i) = \frac{\alpha\phi_i(x_i)\Pi_{k\in\partial i}m_{ki}(x_i)}{\sum_{x_j} b_j(x_j)},$$

$$b_{ij}(x_i, x_j) = \alpha^2\phi_{ij}(x_i, x_j)\phi_i(x_i)\phi_j(x_j)\Pi_{k\in\partial i\backslash j}m_{ki}(x_i)\Pi_{l\in\partial j\backslash i}m_{lj}(x_j),$$

を求める．評価関数 $\mathcal{F}$ に制約条件 $\sum_{x_i} b_i(x_i) = 1$ と $\sum_{x_i} b_{ij}(x_i, x_j) = b_j(x_j)$ を加えた Lagrange 未定乗数法[8] による極小点は, 式 (4.23) の平衡点で与えられる [98, 101]. その収束性は厳密には木構造の場合のみ保証されるものの, ループがあっても実用上は問題ないことが多く, グラフィカルモデルの BP 法が何故うまく行くのか？ を情報幾何学的に明らかにした研究 [102, 103] もある．

ところで, 解析的な議論に類似点はあるものの, 自由エネルギーと命名された式 (4.6)(4.17) と式 (4.22) が異なる関数形で, メッセージ伝搬式 (4.2)(4.13)(4.20) 等と式 (4.23) の違いにも気付かれたい．式 (4.23) 右辺は, 和積 (sum-product) 型式 [98] になっている．

グラフィカルモデルでは, 辺の両端, 三角関係, クリークなどより高次な制約関係を因子ノードとして表し, 元のグラフのノードと因子ノードからなる二部グラフ（因子グラフと呼ばれる）を考えると都合がよいことがある．式 (4.22)(4.23) と多少異なるが, グラフィカルモデルにおける因子グラフに対しても同様な（和積型式の）BP 法が考案されている [90, 99].

グラフィカルモデルとは別に, 最小 VC 問題に対しては, 辺の両端の制約として因子グラフを考えた BP 法が（式 (4.22)(4.23) とは異なるが）Cavity 方程式として導出され, その平衡点が Bethe 自由エネルギーの極小点を与えることも議論されている [104]. ただし, 3.5 節で示した近似解の精度（最小化したい FVS や VC のサイズなど）が他手法と同程度でも, 因子グラフに拡張する分だけ変数が増えて計算時間は多くなる傾向にある．

一方, 最小 FVS 問題に対しては, 因子グラフを考えると隣接ノード間の制約になるため, 図 4.3 下のようにループが密にできてしまい局所木状で

8　Lagrange 未定乗数法については, 変分原理を含めて, 文献 [100] が分かりやすい．

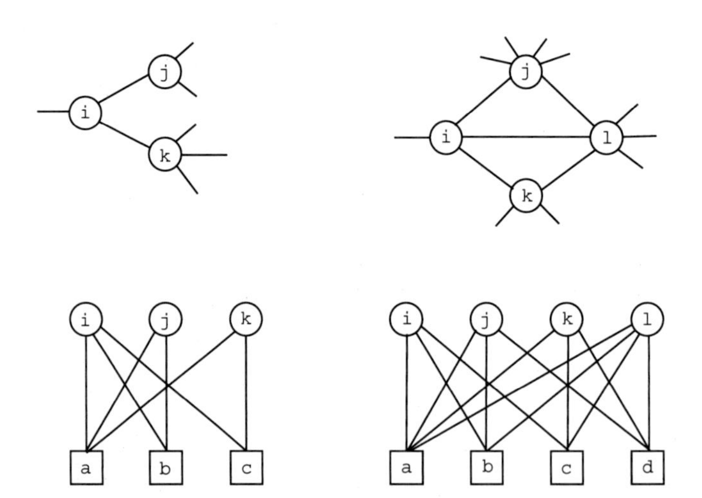

図 4.3　最小 FVS 問題に対する因子グラフの例．上は元のグラフが 右：木構造の場合，左：より一般的な場合，下はその因子グラフ部分で，○はノード，□は隣接ノード間の制約の因子をそれぞれ表す．

なくなり，近似解の分岐など問題が発生し得る [105]．ゆえに，組合せ最適化問題が何でも因子グラフの BP 法で近似的に解ける訳ではない．他方，4.2 節や 4.3 節で紹介した積和形式の BP 法や SP 法では，その定式化が職人芸的で，最小 FVS 問題や最小 VC 問題の他にどのような組合せ最適化問題に適用できるかは今後の課題となるが，拡張変数も不要で高速な近似解法となり得るものと考えられる．4.4 節の一般化が何らかのヒントとなれば幸いである．

4.7　関連する別の話題

本書の内容からは逸脱するが，NP 完全な制約充足 (SAT:Satisfiability) 問題 [72, 74] に対しても，統計物理学的なアプローチから，それを因子グラフで表現して BP 法や SP 法で近似解を求める（現象論的に類似はするが詳細は別の）理論的枠組みが議論されている [93, 106]．SAT の制約は，節 (clause) の論理積で構成され，それが真となる変数の真偽値の組合せを求める．各節は論理和で表現され，その論理和中のリテラル（論理変数またはその否定）の数が K 個のとき，K-SAT と呼ばれる．変数の数に対する制約：節の数の比が小さい（比較的易しい問題の）ときは唯一の近似解に収束するが，比が大きくなるに従って（問題は難しくなり），ある近似解から多数近似解あるいは充足解が見つからなくなる相転移現象が見られる [93, 106]．文献 [107] なども参照されたい．あるいは，組合せ最適化問題を SAT に符号化・復号化して学習や並列化を駆使して解く技術も国際競技会等を通じて性能面で飛躍的に進化しているようである [108].

また，組合せ最適化問題の制約条件を罰金関数にして評価関数と伴に以下のエネルギー関数：Hamiltonian としての標準形に変換した後，その標準形問題を解くことが考えられている．

$$H(s_1, s_s, \ldots, s_N) \stackrel{\mathrm{def}}{=} -\sum_{i<j} J_{ij} s_i s_j - \sum_{i=1}^{N} h_i s_i, \tag{4.24}$$

s_i や s_j は ± 1 値を取る．問題ごとにどのように標準形に変換するか工夫 [109] は必要であるが，一旦標準形にすれば，問題に応じたアルゴリズムを考えなくても統一的に扱うことができる．そこで，この標準形問題を量子コンピュータ [110]，あるいは電子回路の専用プロセッサ [111, 112] で高速に解く研究開発が行われている．あるいは，通常の PC（に FPGA や GPU を搭載，またはクラウド環境）で動作するシミュレーテッド分岐マシン [113, 116] は，数値的発散がない Symplectic 数値計算 [114] と（温度制御で局所解から脱出できる）アニーリングが可能な以下の Hamilton 正準方程式[9] から解を求める [116].

$$\frac{dx_i}{dt} = \frac{\partial H_{aSB}}{\partial y_i} = a_0 y_i,$$

$$\frac{dy_i}{dt} = -\frac{\partial H_{aSB}}{\partial x_i} = \left[x_i^2 + a_0 - a(t)\right] x_i + c_0 \sum_{j=1}^{N} J_{ij} x_j,$$

$$H_{aSB} \stackrel{\mathrm{def}}{=} \frac{a_0}{2} \sum_{j=1}^{N} y_i^2 + V_{aSB},$$

9　古典力学の Hamilton 正準方程式については文献 [115] 等を参照されたい.

$$V_{aSB} \stackrel{\text{def}}{=} \sum_{j=1}^{N} \left(\frac{x_i^4}{4} + \frac{a_0 - a(t)}{2} x_i^2 \right) - \frac{c_0}{2} \sum_{i=1}^{N} \sum_{j=1}^{N} J_{ij} x_i x_j,$$

a_0 と c_0 は定数[10], $a(t)$ はアニーリングの制御パラメータで, J_{ij} は標準形の式 (4.24) における相互作用係数である. また,

$$\sum_{j=1}^{N} y_i^2 + \sum_{j=1}^{N} \left(\frac{x_i^4}{4} + \frac{a_0 - a(t)}{2} x_i^2 \right),$$

の部分は, 非線形な Duffing 振動子に相当して, $a(t)$ の制御によりカオス軌道から周期軌道など分岐現象を用いてアニーリング的に解探索を行う. 上記を更に高速化させた [113]

$$\frac{dx_i}{dt} = \frac{\partial H_{bSB}}{\partial y_i} = a_0 y_i,$$

$$\frac{dy_i}{dt} = -\frac{\partial H_{bSB}}{\partial x_i} = [a_0 - a(t)]\, x_i + c_0 \sum_{j=1}^{N} J_{ij} x_j,$$

$$H_{bSB} \stackrel{\text{def}}{=} \frac{a_0}{2} \sum_{j=1}^{N} y_i^2 + V_{bSB},$$

$$V_{bSB} \stackrel{\text{def}}{=} \frac{a_0 - a(t)}{2} \sum_{i=1}^{N} x_i^2 - \frac{c_0}{2} \sum_{i=1}^{N} \sum_{j=1}^{N} J_{ij} x_i x_j, \quad \forall i, |x_i| \leq 1,$$

が考案されている（$\exists i, |x_i| > 1$ の時は $V_{bSB} = \infty$）.

さらに, ニューラルネットの学習で攻撃の標的ノードを見つけたり, 組合せ最適化問題を近似的に解く試みが近年行われている. 例えば, ネットワークの各ノードに対して中心性など複数 p 個の特徴量を恣意的ながら付与した（$N \times p$ 次元の）入力ベクトルを考えて, 縦横斜め等の線分を畳み込みフィルタで部分的に抽出して画像認識を行うように, 25 ノードの小規模の部分グラフにおいて攻撃の標的を選べるように事前学習した畳み込みフィルタを用いた Graph Convolutional Network (GCN) によって, 次章で議論する NP 困難問題に相当する破壊力のある効果的な剥ぎ取り

10　標準形の式 (4.24) における係数 b_i は a_0 に含めて考える.

(Dismantling) ノードの集合を見つける研究 [117] がある. あるいは, 最小 VC 問題, 最小カット問題, 巡回セールスマン問題などのグラフ最適化問題を近似的に解くため, グラフカーネル [118] として反復伝搬の集約・結合 (aggregate 関数と combine 関数) と反復最後の読み出し (readout 関数) を用いた structure2vec[119] と呼ばれるグラフ埋め込みで特徴ベクトルに変換させた後, そのベクトルを入力としてランダム初期値の結合重み等のパラメータから Graph Neural Network (GNN) を強化学習する研究 [120] がある.

ただし, 現時点は, 組合せ最適化問題に対して GNN や GCN による近似解法の可能性が示唆された段階と解釈すべきで, 膨大な学習時間が必要で他手法より優位とは考えにくく, どんな種類の学習サンプルをどのくらい与えれば所望の解精度が得られるのか等も明らかではない. 一方, グラフカーネルは汎用的[11] で強力な武器になり得て, GNN や GCN はハードウェアによる並列化等で高速実行が可能でもあることから, こうした方向の研究開発の今後の進展動向には注意しておくべきなのかもしれない.

問題 4-3

保存力学系として $\frac{dH_{aSB}}{dt} = 0$ 及び $\frac{dH_{bSB}}{dt} = 0$ となることを, 偏微分の連鎖律

$$\frac{dV(x_1, \ldots, x_N)}{dt} = \sum_{i=1}^{N} \frac{\partial V}{\partial x_i} \frac{dx_i}{dt},$$

を用いて示せ. その際, 変分原理 [100] や Hamilton 正準方程式 [115] についての理解も深めよ.

11 GCN や GNN の他, 木構造や多次元配列としての動画像などを表すグラフの類似度や一致同定, 構造生物学やバイオインフォマティクスにおける系列パターン情報, 電子カルテからの知識グラフの学習や脳科学など [118], さまざまな対象にグラフカーネルは応用可能である.

第5章

分断しにくい最適耐性

不慮の故障や悪意のある攻撃に対する頑健性はネットワーク構造に依存する．これまで，ERランダムグラフとSFネットワークの耐性がピンポイントで分析されて来たが，ループ強化が要で，次数分布の連続変化を考えると，弱者である低次数ノードへの結合が重要となること，及び，平等な構造のレギュラーグラフが最適となることを紹介する．これらは，現状の効率重視の不平等な構造から，効率を損なわず耐性を強化できる，近未来のネットワーク設計の重要な方向性を示唆する．

5.1　本章のあらまし

本章では, 悪意のある攻撃に対して極端に脆弱な現実の多くのネットワークに共存する SF 構造, 一方でそうした攻撃に最適な結合耐性を持つと考えられてきた玉葱状構造, 及び, **これら科学的指針を知らない為に災害や攻撃後に全く元通りに脆弱なまま復元することを暗黙に行ってきたこれまでを脱却する**ある方向性として, 成長やリワイヤ（リンク張り替え）あるいは修復でより頑健な構造に再構築[1] する手法について説明する.

5.2　木構造になりにくいのが最適

ネットワークとしての伝達機能を保つには, 例え悪意のある攻撃を受けても分断崩壊されず全体の連結性を維持できることが望ましい. 故障や攻撃によって機能不全となったノード除去の割合に対して, どの程度の結合耐性（頑健性）を持つのかを調べることは, 物理学では, パーコレーション（浸透）問題として議論されてきた. 一般に, **互いにつながった最大連結成分 (GC: Giant Component) のサイズは, ノード除去率と（次数分布や次数相関などに関係する）ネットワーク構造に依存**する. ノードの存在と除去はそれぞれ, パーコレーションでは占有と非占有とも呼ばれ, ノード間の連結性によって（情報や感染が）どこまで広く浸透するかが議論される. 例えば, 蜂の巣格子や正方格子などの規則的なネットワーク構造では, 一様ランダムなノード除去に対して全体の連結性が崩壊（ノード除去率 q に対する崩壊とは逆に $1-q$ の占有率で浸透拡大して全体が連結化）するときの臨界値 q_c が理論解析されている [124, 125].

また, べき指数 $\gamma > 0$ の次数分布 $P(k) \sim k^{-\gamma}$ に従う

1　こうしたつながり構造の再構築は, 5.3 節で概説する, しなやかな復活力を意味するレジリエンス [44, 121, 122, 123] の強化につながる.

SF ネットワークでは，次数が大きい順にノードを除去していく選択的なハブ攻撃に対して極めて脆弱

で，わずか数 %（平均次数 $\langle k \rangle = 2M/N$ に依存する小さい値）の除去率でバラバラになってしまう衝撃的事実 [126, 127] がよく知られている．しかも残念ながら，社会的，技術的，生物的な多くの現実のネットワークには，この脆弱な SF 構造が共通して存在する [17, 128, 129]．

さらに近年，**バラバラに分断崩壊される臨界点では以下のように，ネットワーク構造の細かな違いに依存しないかなり広い範囲のクラスでループ無グラフになる**，より本質的な特性も分かってきた [130]．

Dismantling(剥ぎ取る，裸にする) 問題　与えられたグラフ $G = (V, E)$ の dismantling 数 $\theta_{dis}(G)$ として，GC のサイズが定数 C より小さくなる為に，除去するノードの最小比を求める．

Decycling 問題　グラフ $G = (V, E)$ の decycling 数 $\theta_{dec}(G)$ として，ループ無グラフにする為に，除去するノードの最小比を求める．
3 章で議論したように，このループ無グラフにする為に除去する最小のノード集合を求める問題はコンピュータ科学では最小 FVS 問題と呼ばれ，FVS の大きさ $|FVS| = N\theta_{dec}(G)$ となる．

ある次数分布 $P(k)$ に従ってランダムに作られた（一定のリンク数 M が $O(N)$ 程度の）疎グラフにおけるアンサンブル平均を $E[\cdot]$ と表記したとき，上記の両問題はサイズ $N \to \infty$ で漸近的に等価となる．

$$\theta_{dec}(p_k) \stackrel{\text{def}}{=} \lim_{N\to\infty} E[\theta_{dec}(G)],\ \theta_{dis}(p_k) \stackrel{\text{def}}{=} \lim_{N\to\infty} \lim_{C\to\infty} E[\theta_{dis}(G, C)],$$

- 任意の次数分布 $P(k)$ で $\theta_{dis}(P(k)) \leq \theta_{dec}(P(k))$，
- 分布の裾野が長くない，次数の 2 乗の期待値が有限

$$\langle k^2 \rangle = \sum_k k^2 P(k) < \infty, \tag{5.1}$$

ならば，$\theta_{dis}(P(k)) = \theta_{dec}(P(k))$．

よって,

攻撃耐性の最適強化は, FVS のサイズをできるだけ大きくするネットワーク構造をいかに見つけるかという問題に帰着する.

言い換えると, 5.5.3 項に述べるが, 単に最小 FVS のサイズを大きくするだけでなく, 局所的な三角形や四角形でないループの形成に不可欠なノードを増やすことが, 結合耐性の強化にはより重要となる. 逆に, 木構造になれば任意の節ノードの除去で必ず分断されるので, **任意のノード除去でも木構造になりにくい（最小 FVS のサイズが大きいことに相当する）構造が最適な結合耐性**を持つ. しかしながら, そもそも評価尺度となる最小 FVS を求めること自体が, NP 困難な組合せ問題に属する [72]. したがって, 多項式時間の計算アルゴリズムは見つかりそうになく, 近似解法に頼らざるを得ない.

一方, これまでに見出された威力のある典型的な攻撃を表 5.1 に示す. 図 5.1 から, それぞれに対して, 次数分布に基づくつながり構造に依存した結合耐性となることが分かる. 特に, インフルエンサー除去の CI 攻撃やループ破壊の BP 攻撃では最大連結成分 GC が急峻に崩壊して陰湿である. 一方, 5.6 節にて議論するが, 全ての攻撃に対して最も強い構造はないものの, 実用上十分耐え得る構造は可能と考えられる. GC のサイズ比で, **故障や攻撃の詳細（原因や理由）に関わらず, どのノードが選択的に除去されたかのみで耐性が評価できる**.

問題 5-1

指数分布 $P(k) = C_{exp}e^{-\alpha k}$ とべき乗分布 $P(k) = C_{pow}k^{-\gamma}$ において, 最小次数 k_{min} と最大次数 k_{max}, パラメータ $\alpha > 0, \gamma > 1$ とするとき, 問 1-3 が解ければ $\langle k^2 \rangle$ をこれらの関数として近似的に導出できる. その近似式を用いて, $N \to \infty$ に対して式 (5.1) が成り立つかどうかを調べよ. また, その条件は分布の裾野の端である k_{max} の大小と, どう関係するか？

表 5.1 典型的な攻撃．下ほど破壊力が大きい傾向有．

攻撃の種類	除去するノード選択の仕方	文献
RF(Random Failues)	不慮の故障に相当するランダムな選択	
LA(Localized Attacks)	ランダム選択ノードからホップ数ごとに選択	[131]
	(空間的な穴となる連結領域の破壊)	
HD(High Degree attacks)	再計算無の次数順の選択	[126]
	(亜種として知人の免疫化)	[132]
HDA(High Degree Adaptive attacks)	再計算有の次数順の選択	[6]
	(媒介中心など他の選択も可)	
Core-HD	次数 k 以上の結合核内 [76] で次数順に選択	[133]
	($k=2$ では部分木以外の 2-core 内)	
CI(Collective Influence attacks)	CI 法で拡散の要を選択	[58]
BP(Belief Propagation attacks)	BP 法で選択してループ破壊	[134]

5.3 しなやかな復活力：レジリエンスとは

ところで, 1.1.3 項 社会インフラとしての重要性 でも触れたが, SF 構造を持つ現実の多くのネットワークには以下の三重苦が伴う.

- 悪意のある攻撃に対する, **極端に脆弱な結合耐性**.
- 例えつながっていても, 許容量を越えると**連鎖被害**が拡大.
- 脆いネットワーク同士が**相互依存**して, 足を引っ張り合い更に深刻化.

しかも, 気候激変によるゲリラ豪雨や豪雪, 国際紛争によるインフラ攻撃などの脅威はますます増大する一方なので, 甚大な被害を被る恐れがあり, これら三重苦からの脱却が重要課題であることに疑いの余地はない. また, **SF 構造の起因は利己主義に基づく優先的選択**であり, その影響が広範囲で社会的依存度が高い点で, **便利さや強欲さに固執して破壊的悪化の歯止めが効かない**地球環境の問題と類似している.

そこで, レジリエンスという考え方が, システム工学や環境生態学などを中心に近年注目されている. レジリエンスとは, **固く頑丈でも限界に達すると脆い従来のシステムから脱却して, 必ずしも全く元道りに戻る訳ではないかも知れないが, しなやかに機能を復活させることができる力**を意味して, 冗長性, 耐性, 信頼性, 対応と回復の四つが重要な要素だと指摘されている [135]. 竹のようにしなやかな弾力で風雪を逃したり, 壊して衝撃

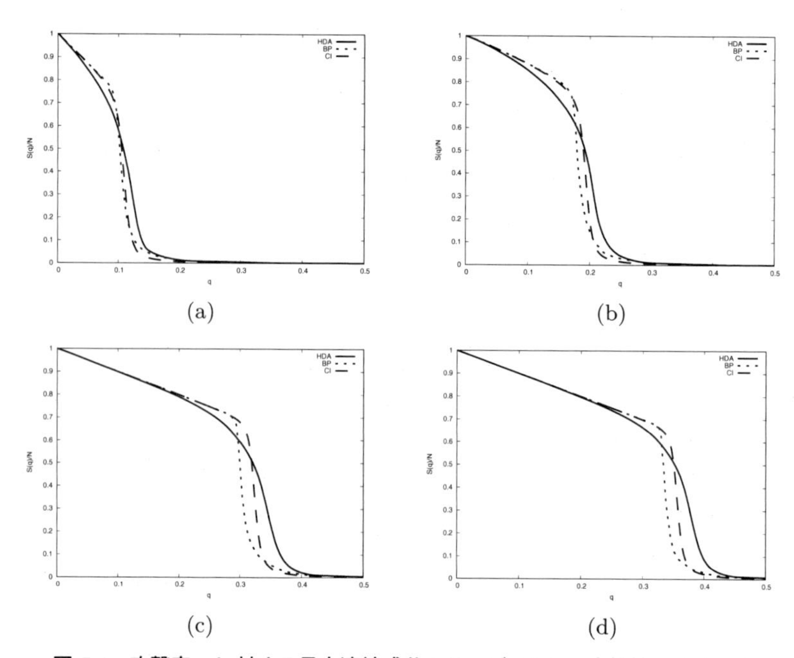

図 5.1　攻撃率 q に対する最大連結成分のサイズ $S(q)$ の攻撃前のサイズ N との比 $S(q)/N$. (a) 次数 k に比例した優先的選択（SF 構造となる効率重視の利己的な BA モデル）, (b) 次数に無関係な（k^0 に比例した利己性無の）ランダムなノード選択, (c) k^{-10} に比例した逆優先的選択, (d) k^{-100} に比例した逆優先的（ほぼ最小次数ノード）選択, により $N = 10^3$ まで毎時刻 $m = 2$ 本ずつで生成してからコンフィグレーションモデル [148] でランダム化したネットワークの各攻撃に対する頑健性の比較（乱数値による 100 個のネットワークに対する平均値）. 実線：HDA 攻撃, 破線：BP 攻撃, 点線：CI_3 攻撃. (a)(b)(c)(d) の順に, 曲線より下の面積が大きくなり, 頑健性が高くなる. それぞれの次数分布は, (a) べき乗分布, (b) 指数分布, (c)(d) より幅の狭い分布となる（1.4 節の図 1.3 も参照）.

を吸収する車の設計, 一見無駄な働かない蟻の役割, 一つの神経回路構造で多機能なウミウシ [136], バックアップ切り替えを前提としないロケットの噴射設計[2] などがレジリエンスの例として考えられる. 言い換えれば, 適応能力の維持として, 予測不能な混乱や変動が頻繁に発生する現代において, 状況の変化に適応しつつ自己の目的を達成する為, 好ましい状態か

2　レジリエンス・エンジニアリングによる新しい宇宙機冗長設計, JAMSS & JAXA, 2015. https://www.ipa.go.jp/files/000043907.pdf

らはじき出されないように抵抗力を強化し, いざというときに備えて許容性の幅を広げておくこと [121] がレジリエンスを高める.

一般にシステムの脆弱性の増幅 [121] と, その逆としてレジリエンスを高めるそれぞれの主要因を表 5.2 に示す.

多くの現実のネットワークを生成する基本原理として考えられている優先的選択は, こうしたレジリエンスの観点からも真逆

であることが分かる. また, レジリエンスの考え方は, 安全についても「予測可能を前提とした原因の究明と改善」から「変わりうる状況下で成功する能力を伸ばすことに注力」すべきことを指摘する [122]. ただし, 後者は前者（原因の究明と改善）を不定するものではなく, 包括した考え方である. さらに, 広義のレジリエンスは, 燃えて新たに再生する森の生態系のように, 全く元通りの復元ではなく, 構造は多少異なっても基本機能は維持する, あるいは, イノベーション的な新たな生まれ変わりとしての再構築や再組織化をも許容する [123]. **現実の多くのネットワークが SF 構造ゆえに, 脆弱なまま元通りに復元することは避けるべき**で, 広義のレジリエンスとして, よりよい新たな構造にすべきである.

表 5.2 優先的選択はレジリエンスの真逆.

優先的選択	脆弱性を増幅	↔ 高レジリエンス
誰も同様に	同質性	多様性
利己主義で	効率偏重	重複冗長
結果としてハブ創出	一極集中	局所分離
非一様な次数分布	複雑さ	適正な単純さ

問題 5-2

レジリエントな設計例をいくつか説明し, 従来の考え方から脱却すべき共通的な重要点を挙げ, 何故そう考えるべきかを説明せよ.

5.4　攻撃に強い玉葱状構造の創発

ある**次数分布を固定したとき**, 最適な結合耐性を持つネットワークを考えよう. ダメージが大きい典型的な**悪意のある次数順のノード攻撃 HD や HDA に対して, 最も強い頑健性（結合耐性）を持つネットワークは, 少し強めの正の次数相関を示す玉葱状構造である**ことが, 母関数解析と数値計算から近年明らかとなった [137, 138]. 次数が大きい（高い）ノードは大きいノードと, 次数が中くらいのノードは中くらいのノードと, 次数が小さい（低い）ノードは小さいノードという具合に, それぞれ次数が同程度のノードが結合しやすいとき, 正の次数相関となる. 次数が大きいノードから小さいノードに中心から周辺に置き, 次数が同程度のノードを同心円上に配置すると, 図 5.2 のように可視化されることから玉葱状と呼ばれる.

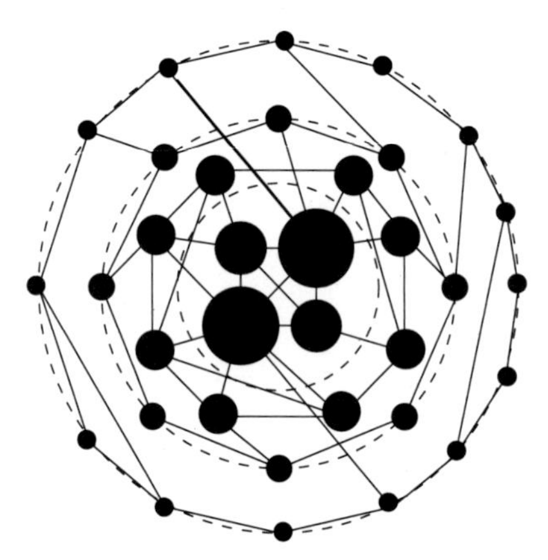

図 5.2　可視化された玉葱状構造. 黒丸の大きさは次数に比例, 仮想的な同心円は点線で表示.

ただし, **正の次数相関を強くするほど頑健性が向上する訳ではなく** [137], 玉葱状構造になるには適度な次数相関が望ましい. 直感的には, 玉葱状構造における複数の階層：半径が違う輪をつなぐさまざまなループの存在が, 頑健性を強化していると考えられる.

結合耐性の強弱を表す頑健性指標として, ネットワークにおける故障や攻撃等によるノード除去率 q に対する最大連結成分 GC のサイズ $S(q)$（幅優先探索によるラベリング法などで計数する，ある経路で互いに繋がったノード集合のうち最も大きなサイズ）の比を幅 $\frac{1}{N}$ で累積した

$$R \stackrel{\text{def}}{=} \sum_{q=1/N}^{1} \left(\frac{S(q)}{N} \times \frac{1}{N} \right) \tag{5.2}$$

が用いられる．ここで，$\sum_q$ は，ノード 1 個目の除去率 $1/N$，ノード 2 個目の除去率 $2/N, \ldots$，ノード $N-1$ 個目の除去率 $N-1/N$，ノード N 個目の除去率 $N/N = 1$ に関する和を表す．完全グラフのときに最大値 $R = 0.5$ となり，R 値が大きいほど頑健性が高い．GC が崩壊する臨界値 q_c が例え同じでも，その崩壊の急峻さに従って異なる R 値となることがあり，臨界値 q_c よりも R 値の方が頑健性に関する詳しい指標と言える．

一方，次数相関の強さを表す（次数に対する Pearson 相関係数に相当する）Assortativity[139, 140] は，

$$r \stackrel{\text{def}}{=} \frac{4M\sum_e(k_e k'_e) - \{\sum_e(k_e + k'_e)\}^2}{2M\sum_e(k_e^2 + k'^2_e) - \{\sum_e(k_e + k'_e)\}^2}, \tag{5.3}$$

と定義される[3]．ここで，k_e と k'_e はリンク $e = (i, j)$ の両端ノード i と j のそれぞれの次数を表し，$-1 \leq r \leq 1$ である．$r > 0$ が正の次数相関を示す．ER ランダムグラフや BA モデルなどの人為的ネットワークでは $r \approx 0$ の無相関，現実の社会的ネットワークは正相関，技術的および生物的ネットワークは負相関の傾向がある [23, 139]．

もしインターネットや電力網などの現実の脆弱な SF ネットワークを正の次数相関となるよう，類似した次数のノード同士を結合しやすくリワイヤ（リンク張り替え）[141] すれば，頑健性は向上することが知られている．また，別のリワイヤ法として，ランダムに二つのリンク A-B と C-D を選んでそれらを交差交換（スワップ）した A-D と C-B によって頑健性が

3 式 (5.3) と等価な Assortativity r 値の計算式として，$S_e \stackrel{\text{def}}{=} \sum_{i,j} A_{ij} k_i k_j$，$S_1 \stackrel{\text{def}}{=} \sum_i k_i$，$S_2 \stackrel{\text{def}}{=} \sum_i k_i^2$，$S_3 \stackrel{\text{def}}{=} \sum_i k_i^3$，を用いた，$r \stackrel{\text{def}}{=} \frac{S_1 S_e - S_2^2}{S_1 S_3 - S_2^2}$ 等もある [19]．どの計算式を選ぶかは，ネットワークを表現するノード毎のあるいはリンク毎のリストなどのデータ構造に依存して，あるいは（3 乗などによる）数値的発散なども考慮して使い分けるとよい．

向上するときのみ，すなわち，式 (5.2) の $R^{new} > R^{old}$ のときのみリワイヤ更新することを繰り返す方法 [138] も考えられているが，大域的な GC の探索や R 値の計算と更新破棄等によって計算時間を浪費する．一方，上記のリワイヤ法 [141] は局所的な次数に基づく処理で，その点を改善している．

しかしながら，これらのリワイヤ法では，既存のつながりを全て捨ててリンクを張り直すことが求められ，非現実的である．また，外側の輪を順次成長させて玉葱状構造を構築する MANDARA ネットワーク [142] も提案されているが，時刻ごとに一番外側の円周上のノード数の倍々のノードを追加しなければならず制約が強い．

問題 5-3

式 (5.2) の頑健性指標 R 値は，横軸をノード除去率 q，縦軸を GC サイズ比 $S(q)/N$ にして描いた曲線における何を表しているか？ また（二番目の大きさの）第二以降の連結成分の平均サイズ $\langle s \rangle$ の q に対する変化曲線と，$S(q)/N$ が急減する GC 分断崩壊の臨界点との関係を説明せよ．

問題 5-4

ある辺の両端として次数 k のノードが次数 k' のノードと結合する条件付き確率を $P(k'|k)$ と表記すると，次数 k のノードに隣接するノードの平均次数は

$$\bar{k}_{nn}(k) \stackrel{\text{def}}{=} \sum_{k'} k' P(k'|k) = \sum_{j=1}^{N} \delta_{k_i,k} \frac{\sum_{j \in \partial i} k_j}{kNP(k)},$$

と表される [143] ことを説明せよ．$\delta_{k_i,k}$ はクロネッカーのデルタである．また，次数相関が正あるいは負の場合，横軸を k で縦軸を $\bar{k}_{nn}(k)$ としてプロットすると，どのように描かれるのかを述べよ．

5.5 構成的な結合耐性の強化

5.5.1 結合耐性を強化する逐次成長法

既存のつながりを捨てずに，ネットワークを逐次成長させながら玉葱状構造を構築していく設計法として，部分コピー操作による方法 [1, 144, 145] と仲介による方法 [146, 147] が提案されている[4].

図 5.3 は，玉葱状構造となる為に最低限必要な $m = 4$ 本を毎時刻に結合する例を示す．図中の実線と点線は新ノードからの結合と既存ノード間の結合をそれぞれ表し，ジグザグ線は $\mu = 5$ 仲介先のノードへの経路を表す．ただし，BA モデル [21] と同様に自己ループや多重リンクは禁止して再選択する．新ノードからの結合を $\mu + 1$ ホップ先に手間やコストが節約できるよう範囲限定しても，これを繰り返せば遠いノードとも結合できる．その際，新ノード経由で絡まった多数のループの形成が頑健性を強化して，

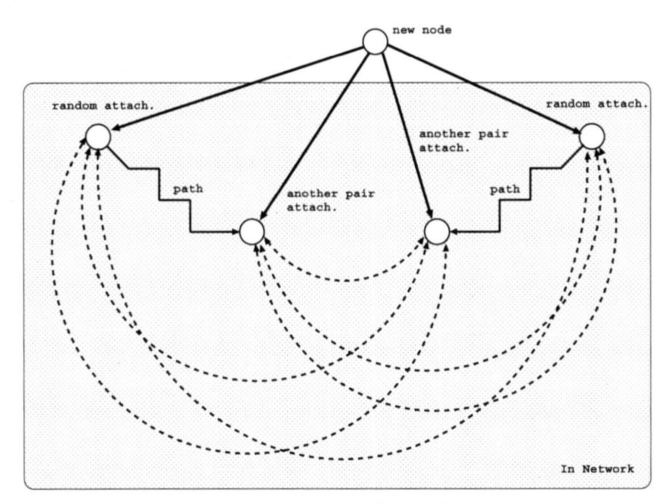

図 5.3 仲介によるネットワーク生成の模式図．[147] より．

4 次数相関を強化するリワイヤ法 [141] や仲介による逐次成長法 [146, 147] のアルゴリズムについては，書籍 [44] も参照されたい．無相関にするリワイヤ法 [141] は，次数分布以外の構造を無くす，コンフィギュレーションモデル [148] によるランダム化にも使える．

ネットワークの成長に伴う最小 FVS の推定サイズ[5] と頑健性の強さには強い相関が見られる [147]. 玉葱状構造ができる直感的な理由としては,

- ペアの片方のランダム選択ノードへの結合は（比較的早い時刻に挿入された）古株ノードの次数を大きくし, それら古株ノード間は互いにつながってる可能性が高いことから高次数ノード間の次数相関を大きくすることに貢献する.
- もう片方の μ 仲介先における最小次数ノードへの結合は, 新ノードの次数が最小次数 m であることに気づけば, 低次数ノード間の次数相関を大きくすることに貢献する.

と考えられる. また,

SF ネットワークは（ハブを経由する等で平均経路長 L が小さく SW 性を持ち）効率的だが攻撃には極端に脆弱な一方, 仲介で構築された玉葱状ネットワークでは効率と頑健性が両立する [147].

高い効率は, 1.1.2 項の L が $O(\log N)$ で, 6.6.2 項の E 値が小さいとき.

さらに, 仲介による逐次成長モデルは, ランダム選択したノードから一定距離 $\mu+1$ ホップ先のノードが結合先の候補となるが, ランダム選択したノードから可変距離 d のノードを確率 $d^{-\alpha}$ で候補とする逐次成長の Propinquity（近接）モデル [149] でも, その候補のうちで最小次数ノードを選んで結合すれば同様に頑健な玉葱状構造が創発する [36]. ただし, 距離の効果よりも最小次数の効果の方が頑健性の向上に寄与することが数値シュミレーションから分かっている. **最小次数ノードに結合する効果**は, 5.5.3 項における（比較的長距離の）グローバルなループ形成を促進するリンク追加戦略でも顕著である. また, これら部分コピー操作と仲介による逐次成長で空間上に頑健な玉葱状構造を創発させる方法も考えられている [150, 151].

5　$|FVS|$ は 4.2 節の BP 法で推定する.

5.5.2　結合耐性を強化するリワイヤリング法

次数相関の強化に固執せず，FVS のサイズを増大させるループ強化に基づくリワイヤリング法 [152] を紹介する．まず，前準備として，ループ数と全域木数との関係を述べる．

グラフ $G=(V,E)$ の部分グラフ $G'=(V,E')$, $E' \subset E$, が木となるとき，G' は全域木と呼ばれる．その E' に属する木辺を除いた $E''=E-E'$ に属する各非木辺に対応する閉路は，基本閉路系をなす [153, 154]．すなわち，任意の閉路がそれら基本閉路の線形和で表される[6]．全域木の取り方によって，異なる基本閉路となり得ることに注意しよう．言い換えれば，全域木の数 ST が増大すれば，その非木辺に対応した閉路の数も増えると考えられる[7]．

行列木定理 [2] により，全域木の数 ST は

$$ST = \frac{1}{N}\Pi_{i=2}^{N}\mu_i, \tag{5.4}$$

と書き表される．ここで，$0=\mu_1 \leq \mu_2 \leq \ldots \leq \mu_N$ は Laplacian 行列 $L_a \stackrel{\text{def}}{=} D-A$ の固有値で，各ノード i の次数 k_i の対角行列 $D \stackrel{\text{def}}{=} diag\{k_i\}$ とする．

辺の追加や除去による行列 L_a の微小変化である摂動を ΔL_a と表記すると，摂動に応じた L_a の固有値 μ_i と固有ベクトル $\mathbf{v}_i$ の変化量はそれぞれ

$$\Delta\mu_i \approx \mathbf{v}_i^T \Delta L_a \mathbf{v}_i, \tag{5.5}$$

$$\Delta\mathbf{v}_i \approx \sum_{j=1,j\neq i}^{N} \frac{\mathbf{v}_j^T \Delta L_a \mathbf{v}_i}{\mu_i - \mu_j}, \tag{5.6}$$

となることから（付録 A.5 参照），全域木数の変化量は

6　基本閉路は，$|E''| = M-(N-1)$ 個の一次独立な基底をなす．

7　ただし，重複も存在して単純な比例関係ではない．例えば，一定長 l の閉路を計数する問題すら，l が大きく長い閉路に対しては具体的に求めることは難しい（付録 A.4 参照）．

$$\Delta ST = \frac{1}{N}\ \Pi_{h=2}^{N}(\mu_h \pm \Delta\mu_h) - ST,$$
$$\approx ST \times \left(\Pi_{h=2}^{N} \frac{\mu_h \pm (v_{hi} - v_{hj})^2}{\mu_h} - 1\right), \tag{5.7}$$

として, $O(N^3)$ の固有値の再計算をせずに $O(N)$ で近似的に求められる [155]. v_{hi} は第 h 固有ベクトル $\mathbf{v}_h$ の i 成分を表し, $\pm$ の符号のどちらかは辺の追加または除去にそれぞれ対応する.

図 5.4 は, a 次数非保存のリワイヤリングで (i,j) の辺を除去して (k,l) の辺を追加, b 次数保存のリワイヤリングで (i,k) と (j,l) の辺を除去して (i,j) と (k,l) の辺を追加した例を示す. 次数非保存または次数保存の場合で, A.,B.,C. のいずれかのループ強化に基づくリワイヤリング法 [152] の手順を以下にまとめる. A. は次節でも議論する最小次数ノードへの結合戦略, B. は FVS に含まれないノードへの結合で新たなループを形成し, C. は全域木数を増大させて閉路数を増強して, ループ強化する.

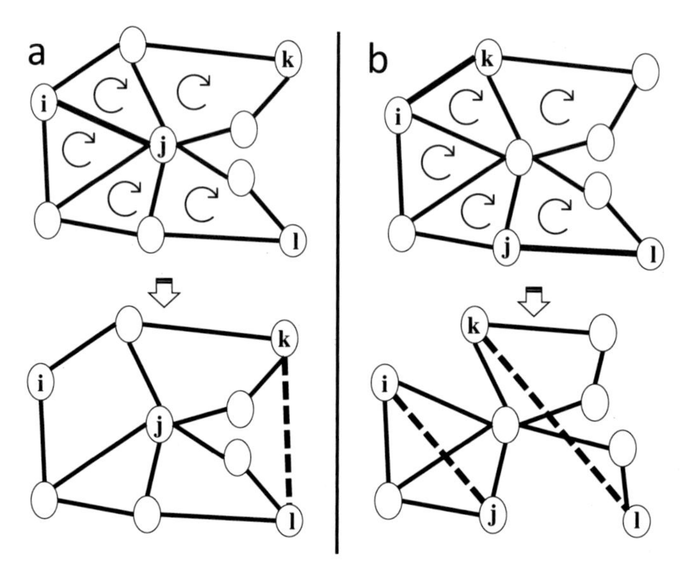

図 5.4　リワイヤリング. a 次数非保存と, b 次数保存の場合. [152] より.

Step 0: N 個のノードからなるネットワークを対象とする.

Step 1: 以下 A.,B.,C. の各指標

A. 各ノード i の次数 k_i,

B. BP 更新式 (4.2)(4.3)(4.4) による q_i^0,

C. あるいは式 (5.7) による ΔST,

のどれか一つを選んで（反復ごとに再計算して）求める.

Step 2: 上記の指標値が最大となる結合ノードペアの辺を除去する.

Step 3: 上記の指標値が最小となる非結合ノードペアに辺を追加する.

Step 4: 所望のリワイヤ数まで, **Step 1** に戻って処理を繰り返す.

上記 **Step 1** の C. では, **Step 0** にてあらかじめ L_a の固有値を求めて式 (5.4) で ST を計算して, **Step 2,3** にて式 (5.5)(5.6) で $i = 2, 3, \ldots, N$ の固有値と固有ベクトルを更新する[8]. ただし, **Step 2,3** ともに ΔST を最大化するノードペアを選ぶことに注意されたい. 数値計算結果から, リワイヤ数が増えるほど, 式 (5.2) の頑健性指標 R 値が大きくなるのと連動して FVS のサイズが増大すると共に無数の分布が存在し得る中で, **（分布の幅を表す）次数分布の分散も小さくなる**ことが示されている [152].

上記 **Step 1** の A. や B. のループ強化に基づくリワイヤリングは, 攻撃等で機能不全になった除去ノードの隣接ノード間における自己修復法 [156] に効果的に適用できる（付録 C 参照）. 図 5.5 は, 除去ノードに直接隣接するノードから, 修復リンクの結合先を徐々に拡張 [157] して（最少リンク数で最も単純なループである）輪形成[9] する処理過程を示す. また図 5.6 は, 与えられた割合の本数分だけ, 輪上のノード間で, A. 次数が最小のノードペアを結合 [158], あるいは B. ループ形成に必要な FVS に属す

8 N 次元の行列-ベクトル演算なので, 局所的な分散処理には適していない.

9 周回ケーブルの形成で右回りと左回りの少なくとも二通りの接続経路が可能となり, 結合耐性が増す. デジタル田園都市国家インフラ整備計画について.
https://www.cas.go.jp/jp/seisaku/atarashii_sihonsyugi/kaigi/dai6/shiryou3.pdf

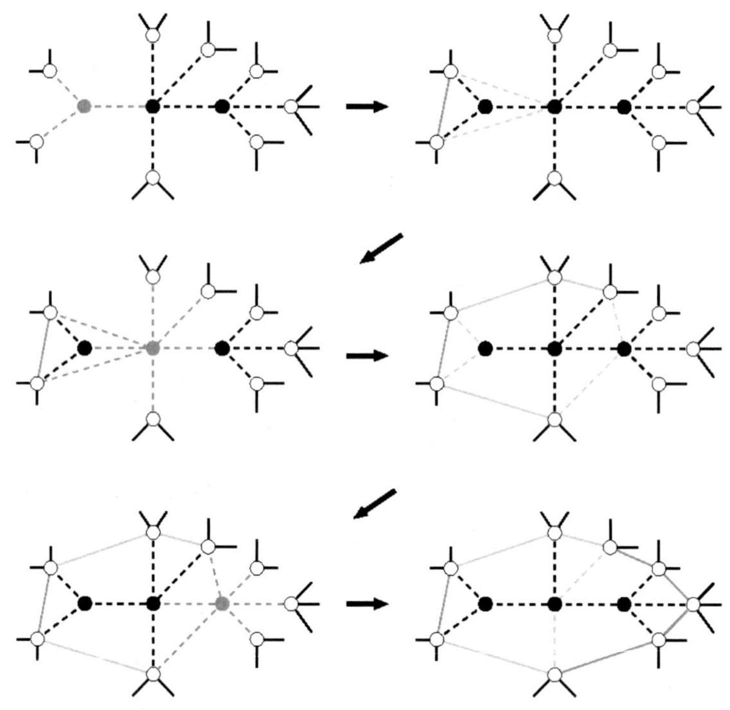

図 5.5　三角形から六角形や八角形に拡張隣接して輪形成する概念的な処理過程．除去ノードは黒丸，その隣接ノードは白丸で表現．

る確率（q_i^0）が最小のノードペアを結合 [156] する例を示す[10]．修復の際，通信網における無線ビーム[11]や航空網における航路の変更のように分断されたリンクの一部を再利用，あるいは新たに投資支援することを想定している．**この自己修復法は分散アルゴリズムとしても実現可能**である [158]．

10　輪形成の後に輪上のノード間をつなぐこの自己修復法 [156] は，衣類の穴の周りを縫ってからその上を補強するダーニング技法に似ている．
https://www.felissimo.co.jp/couturier/blog/categorylist/saiho-sewing/post-17830/

11　例えば，戦下や災害時のバックホール回線や通常時の離島の通信回線となるように，衛星ブロードバンドインターネットを提供する Starlink 等は既に現実味を帯びている．
https://time-space.kddi.com/au-kddi/20200121/2828
https://time-space.kddi.com/au-kddi/20211223/3227

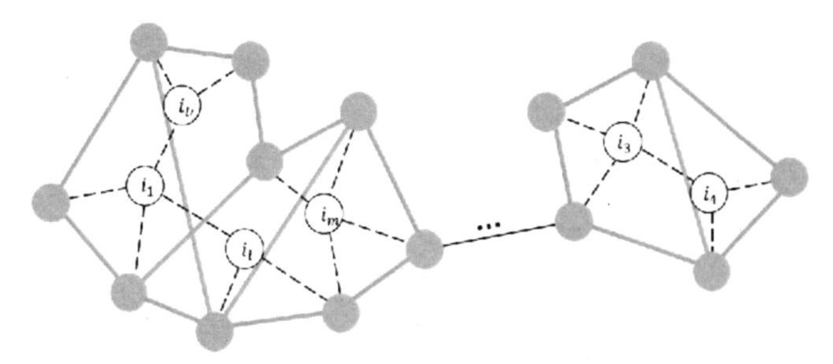

図 5.6 輪上のループ強化. [156] より.

一方, ループ強化のような指針はなく, 既存の修復法はどれもヒューリスティックではあるが, 与えられた割合の本数分だけ, 各除去ノードの隣接ノード間のみにおいてダメージが酷い順に, すなわち, 元々の次数 k^{org} と攻撃後の次数 k^{dam} の比 k^{dam}/k^{org} が小さい順にペアを選んで結合する Simple-Local-Repair 法 [159], それら隣接ノード間で一様ランダム選択したペアを結合する Bypass-Rewiring 法 [160] が考案されている. あるいは図 5.7 のように, 修復後に経路長が短くなるように, 各除去ノード i の隣接ノード a, b, c, d, e を二分木としてつなぎ直す Forgive-Tree 法 [161, 162] では（木構造は任意の節ノードの除去で必ず分断されるので）頑健性は全く考慮されていない. 与えられた割合の本数分の資源割当を考慮した頑健性と通信効率の両面で, **ループ強化に基づく自己修復法はこ**

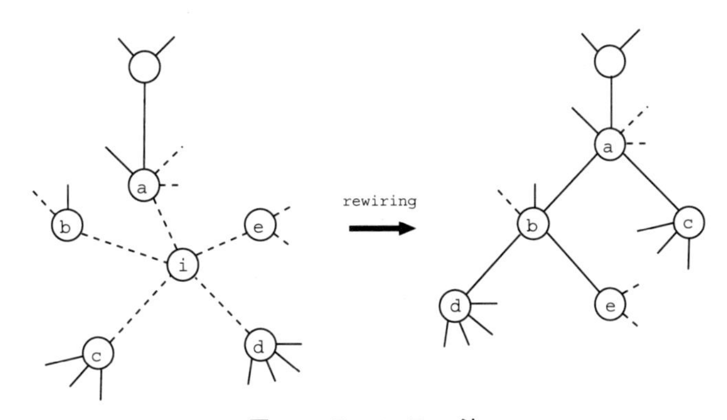

図 5.7 ForgiveTree 法.

れら従来法を凌駕している [156, 158]. 輪形成とその後の輪上のループ強化が, 頑健性の向上に最適かどうかは現状では明らかでないが, 最小次数ノード結合の効果や木構造からできるだけ遠ざける方策として考えると妥当であろう.

5.5.3　結合耐性を強化するリンク追加戦略

これまで, SF ネットワークに属するインターネット AS の実データをはじめ, 構成的なリンク淘汰モデル, 再帰的面分割に基づく Delauney 風 SF, 分散処理向きで短い経路長の Multi-Scale Quartered(MSQ) ネットワーク等 [1] に対して, （主に一様ランダムに選択された非結合の）ノード間への数十%程度のリンク追加で結合耐性が大きく向上することが明らかにされている [1, 25, 163]. 5.2 節で述べたが, SF ネットワークは悪意のある攻撃に対して極端に脆弱であることを思い出すと, その弱点をただ諦めるのではなく, 改善する方法も存在することを上記は意味する.

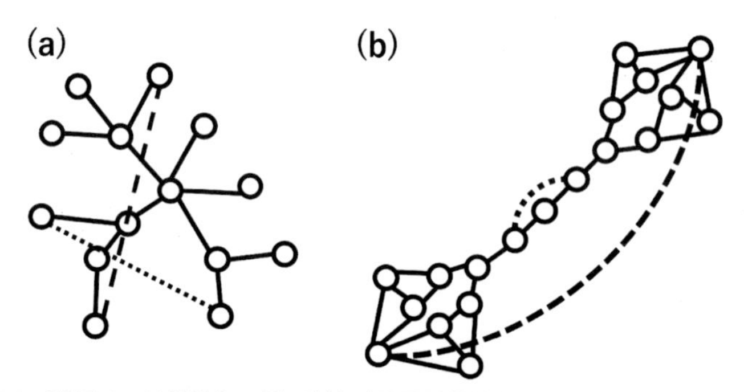

図 5.8　選択ノードが異なる例. 破線が最長距離戦略, 点線が最小次数戦略による結合ペア. [166] より.

一方, 最小次数戦略 [164] のリンク追加が, 一様ランダム選択のリンク追加 [163] と比べて, より頑健性が向上する結果も示されている. また, 最長距離戦略 [165] のリンク追加も提案されているが, 最小次数戦略と互いに独立な方法とは言い難い. 例えば, 図 5.8 は, (a) では最小次数（点線の両端）と最長距離（破線の両端）で選択したノードペアが同一になり得るが, (b) ではそれぞれ異なる場合を示す.

そこで, 最小次数戦略と最長距離戦略のリンク追加の結合耐性への効果をできるだけ分けて調べられるよう, 表 5.3 のように二段階でリンク先のノードペアを選ぶものとする [166]. すなわち, ノードペア候補として, まず一段階目では全ノードあるいは最小次数ノードの集合[12] を選び, 二段階目ではその集合中からさらに一様ランダムに選択, あるいはノード間の距離に応じて選択する.

表 5.3 二段階のノード選択によるリンク追加.

一段 \ 二段	全ノード	最小次数ノード
一様ランダム	RandAdd [163]	min-k RandAdd [164]
最も長距離	LongAdd [165]	min-k LongAdd
最も短距離	ShortAdd	min-k ShoerAdd

現実の SF ネットワークとして, 技術的ネットワークの航空網, 社会的ネットワークの電子メール, 生物的ネットワークのイースト菌のそれぞれ（付録 B 参照）に表 5.3 の各戦略でリンク追加を行い, それらの結合耐性や通信効率を調べた結果について以下説明する. それら各ネットワークのノード数 N, リンク数 M, 次数相関 (Assortativity)r を表 5.4 に示す. 以下, 本項における図の左右は表 5.3 における一段目が全ノードまたは最小次数ノードを選択対象とする（戦略名の頭に min-k が付かない or 付く）場合に, (a)(b)(c) はそれぞれ, 航空網, 電子メール, イースト菌についての結果に対応するが, 平均次数 $\langle k \rangle \approx 2$ の逆優先的選択で生成したランダム木（1.4 節, $\beta = 5$）や GN 木（1.3.1 項, $\nu = 0, 1$）, 平均次数 $\langle k \rangle \approx 4$ の SF ネットワーク（1.2 節, BA モデル）についても, 同様な結果が得られている [166].

図 5.9 は, 悪意のある（ただし再計算はしない）次数順攻撃 HD に対する結合耐性を示す. (a)(b)(c) どれも右側の min-k 戦略の実線（二段目の

12 同じ最小次数のノードが複数存在すれば, そのノード集合を選ぶ. 最小次数ノードが一個のみの場合は, 第二最小次数のノードも含めた集合を選ぶ.

表 5.4　実ネットワークのサイズ等. [166] より.

	ノード数 N	リンク数 M	次数相関 (Assortativity) r
航空網	1226	2408	-0.015
電子メール	1133	5451	0.078
イースト菌	2224	6594	-0.11

選択は最短距離）, 点線（二段目の選択は最長距離）, 破線（二段目の選択はランダム）がほぼ重なり同様となることから, リンク追加先の両端の選択ノード間の距離には依存せず, 最小次数ノード選択が頑健性の向上に支配的と言える. 一方, 左側では上から下に点線, 破線, 実線となり, リンク追加先の両端の選択ノード間の距離が遠いほど頑健性が向上する. 横軸のリンク追加数を増やすほど R 値が大きくなる点は図の左右とも変わりない.

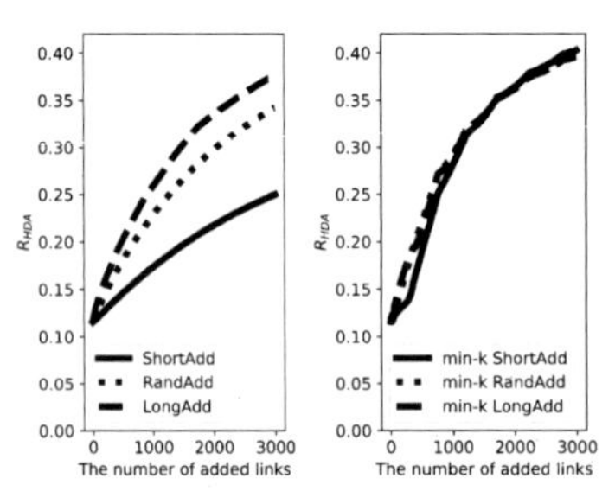

(a) 航空網

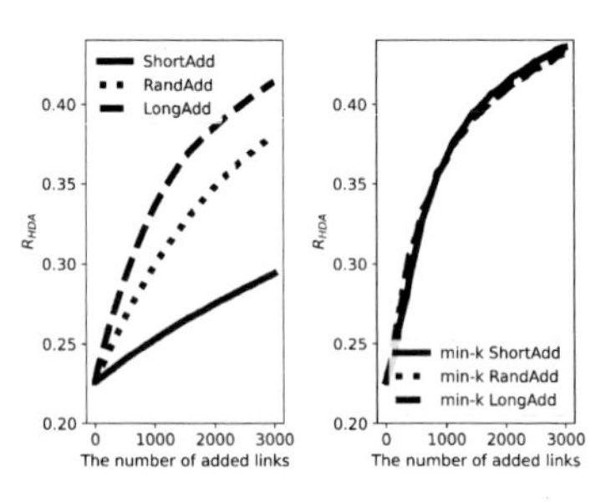

(b) 電子メール

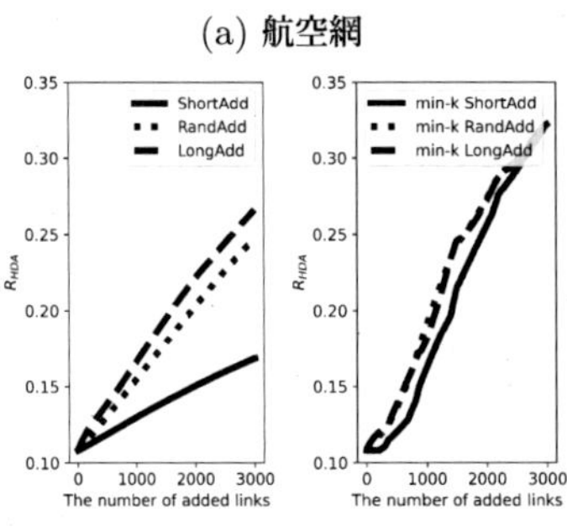

(c) イースト菌

図 5.9　次数順攻撃に対する頑健性. [166] より表示修正.

図 5.10 は, 最小 FVS のサイズが図 5.9 の R 値と連動していることを示す. (a)(b)(c) どれも右側では実線, 点線, 破線がほぼ重なり, 最小次数ノード選択が支配的な一方, 左側ではリンク追加先の両端の選択ノード間の距離が遠いほど縦軸の値が大きくなることも図 5.9 と同様である. ただし, 最短距離戦略では, 局所的な三角形や四角形などの形成でループ強化される場合も含まれる.

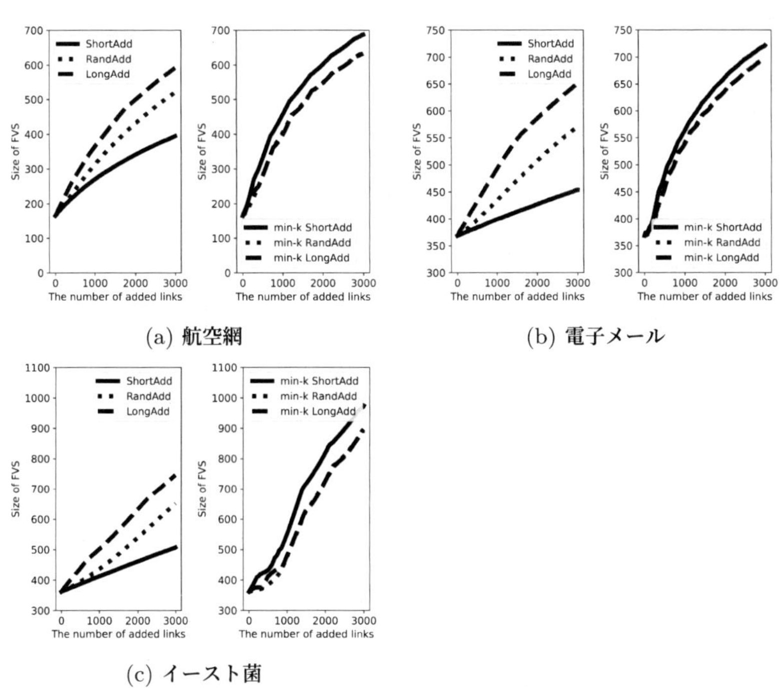

(a) 航空網　(b) 電子メール

(c) イースト菌

図 5.10 FVS のサイズ. [166] より表示修正.

一方, 図 5.11 は, 横軸のリンク追加数の増加に対するネットワークの直径 D の減少を示す. (a)(b)(c) どれも左右とも上から下に, 点線（二段目の選択は最長距離）, 破線（二段目の選択はランダム）, 実線（二段目の選択は最短距離）となり, リンク追加先の両端のノード選択の効果が伺える. 図 5.12 は横軸のリンク追加数の増加に対する縦軸の通信効率 E （6.6.2

項の式 (6.1) で定義）の向上を示す.

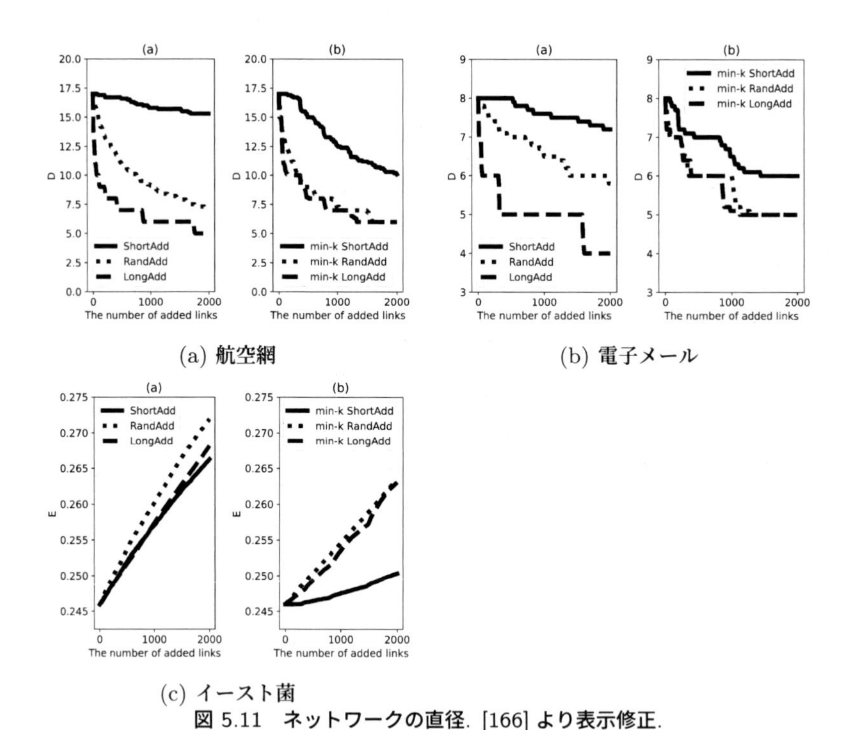

(a) 航空網

(b) 電子メール

(c) イースト菌

図 5.11　ネットワークの直径. [166] より表示修正.

図 5.11 の縦軸の直径 D が小さいほど, 図 5.12 の縦軸の通信効率 E は大きくなり, 上から下に実線, 破線, 点線となっている.

これらの図 5.9〜5.12 から, 最小 FVS サイズと連動した**最小次数選択が頑健性の向上に支配的**であるが, 通信効率 E の向上には最短距離戦略は望ましくないと言える. 一様ランダム選択は, 通信効率 E の向上に案外貢献する.

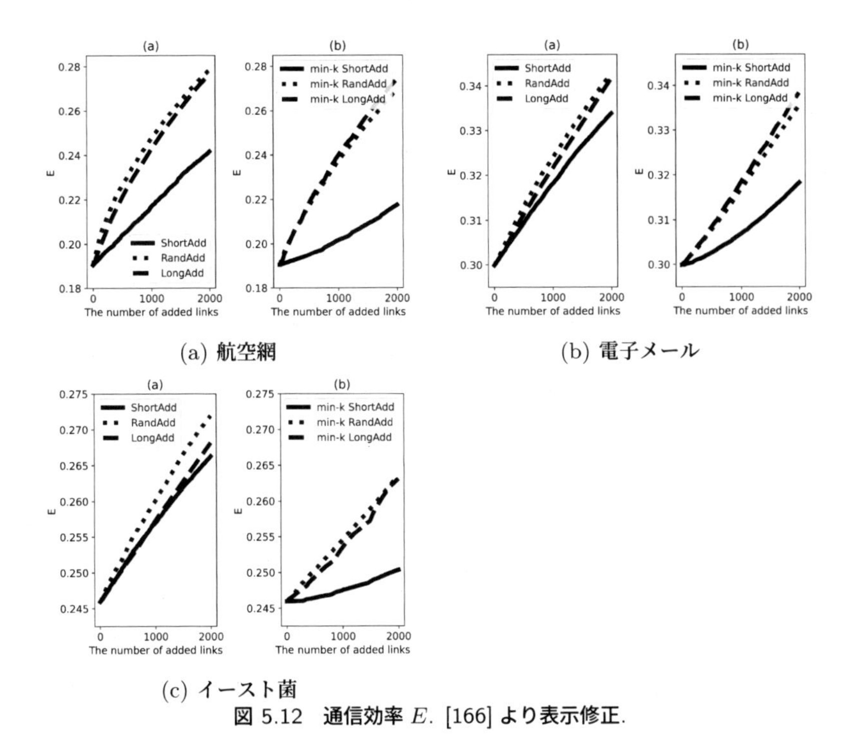

(a) 航空網　　(b) 電子メール

(c) イースト菌

図 5.12　通信効率 E. [166] より表示修正.

5.6　ランダムレギュラーグラフの最適性

5.6.1　次数順攻撃に対する耐性

まず, 単一の次数 d のランダムレギュラーグラフの離散摂動として, 二つのみの次数 d_1 と d_2 からなる平均次数 d の二峰性ネットワーク [35] を考える. ここで, $d < d_1 < d_2$, $\Delta d \stackrel{\mathrm{def}}{=} d_2 - d_1$ とする.

次数 d_1 と d_2 のノード数を N_1 と N_2 で表記すると,

$$N = N_1 + N_2, \quad M = \frac{d \times N}{2} = \frac{d_1 \times N_1}{2} + \frac{d_2 \times N_2}{2},$$

の連立方程式を解いて

$$N_1 = \frac{d_2 - d}{\Delta d} N, \quad N_2 = \frac{d - d_1}{\Delta d} N, \tag{5.8}$$

を得る．式 (5.8) より，この二峰性ネットワークの次数分布 $P(d_1) = N_1/N$, $P(d_1) = N_2/N$, の分散は，

$$
\begin{aligned}
\sigma^2 &\stackrel{\text{def}}{=} \langle k^2 \rangle - \langle k \rangle \\
&= \frac{1}{N}(d_1^1 \times N_1 + d_2^2 \times N_2) - d^2 \\
&= \frac{1}{N}\left(d_1^1 \times \frac{d_2 - d}{\Delta d}N + d_2^2 \times \frac{d - d_1}{\Delta d}N\right) - d^2 \\
&= \frac{d_1^1(d_2 - d) + d_1^2(d - d_1)}{d_2 - d_1} \\
&= (d_2 - d)(d - d_1),
\end{aligned}
\tag{5.9}
$$

となる．式 (5.9) に $\Delta d = d_2 - d_1$ を代入して整理すると，

$$\sigma^2 = (d - d_1)\Delta d - (d - d_1)^2,$$

と書き直せる．すなわち，二峰性ネットワークにおいて，小さい方の次数 d_1 を固定した時，次数分布の分散 σ^2 は次数差 Δd に比例する [168][13]．

ところで，$d_1 = 1$ の星型ネットワークは，次数 $d_2 = N - 1$ の中心ノードの除去で分断して明らかに脆弱なので省く．よって，$2 \leq d_1 \leq d - 1$, $d + 1 \leq d_2 \leq N - 2$, に対して，表 (5.5)(5.6) に示すように，**次数の組合せが網羅的に求まる**[14]．$P(d_1)$ が決まれば，$P(d_1) + P(d_2) = 1$ より $P(d_2)$ も一意に定まる．

13　ちなみに，1.4 節の逆優先的選択モデルのパラメータ β とその次数分布の分散 σ^2 とは非線形関係となる [167] が，σ^2 が小さいほど結合耐性が高くなることは本項の結果 [168] と共通する．但し，離散摂動の網羅的な二峰次数分布やランダム摂動の次数分布の面的なカバーと比べると，β を変化させた逆優先的選択モデル（の族）の次数分布はレギュラーグラフへ近づく線的な一部に過ぎない．

14　三峰性ネットワークや四峰性ネットワーク等の離散摂動も考えられるが，二峰性ネットワークのように次数の組合せが全て確定せず，さまざまな割合の次数分布を扱う必要があることに注意されたい．

表 5.5 平均次数 $\langle k \rangle = 4$ の二峰ネットワークにおける次数の全組合せ. [168] より.

Δd	d_1	d_2	σ^2	$P(d_1) = N_1/N$
2	3	5	1	1/2
3	3	6	2	2/3
	2	5	2	1/3
4	3	7	3	3/4
	2	6	4	2/4
5	3	8	4	4/5
	2	7	6	3/5
	⋮		⋮	
Δd	$d-1=3$	$\Delta d + d_1$	$\Delta d - 1$	$(\Delta d - 1)/\Delta d$
	$d-2=2$	$\Delta d + d_2$	$2(\Delta d - 2)$	$(\Delta d - 2)/\Delta d$

表 5.6 平均次数 $\langle k \rangle = 6$ の二峰ネットワークにおける次数の全組合せ. [168] より.

Δd	d_1	d_2	σ^2	$P(d_1) = N_1/N$
2	5	7	1	1/2
3	5	8	2	2/3
	4	7	2	1/3
4	5	9	3	3/4
	4	8	4	2/4
	3	7	3	1/4
5	5	10	4	4/5
	4	9	6	3/5
	3	8	6	2/5
	2	7	4	1/5
	⋮		⋮	
Δd	$d-1=5$	$\Delta d + d - 1$	$\Delta d - 1$	$(\Delta d - 1)/\Delta d$
	$d-2=4$	$\Delta d + d - 2$	$2(\Delta d - 2)$	$(\Delta d - 2)/\Delta d$
	$d-3=3$	$\Delta d + d - 3$	$3(\Delta d - 3)$	$(\Delta d - 3)/\Delta d$
	$d-4=2$	$\Delta d + d - 4$	$4(\Delta d - 4)$	$(\Delta d - 4)/\Delta d$

次に, 次数 d のランダムレギュラーグラフのランダム摂動を考える. M 本のリンクを持つランダムレギュラーグラフから, 割合 p の Mp 本のリ

ンクをランダム選択除去した後，その Mp 本だけランダム選択した非結合ノードペア間にリンク追加する．このとき，リンクの除去と追加は独立試行なので，ランダム除去の二項分布とランダム結合のリンク追加の Poisson 分布の積として，その次数分布は

$$P(k) = \sum_{\kappa_1+\kappa_2=k} {}_dC_{\kappa_1}(1-p)^{\kappa_1} p^{d-\kappa_1} \frac{\lambda^{\kappa_2}}{\kappa_2!} e^{-\lambda}, \tag{5.10}$$

と書ける [168]．ここで，$\lambda \stackrel{\text{def}}{=} 2dp$, κ_1 はあるノードで除去されなかったリンク数，κ_2 はそのノードに追加されたリンク数を表す．

図 5.13 は，いくつかの p 値におけるランダム摂動の次数分布を示す．$p = 0$ の場合がレギュラーグラフ，$p = 1$ の場合が ER ランダムグラフとなる．$0 < p < 1$ におけるこれらの頻度分布から，**二種類より多い数種類の次数が存在**していることが分かる．

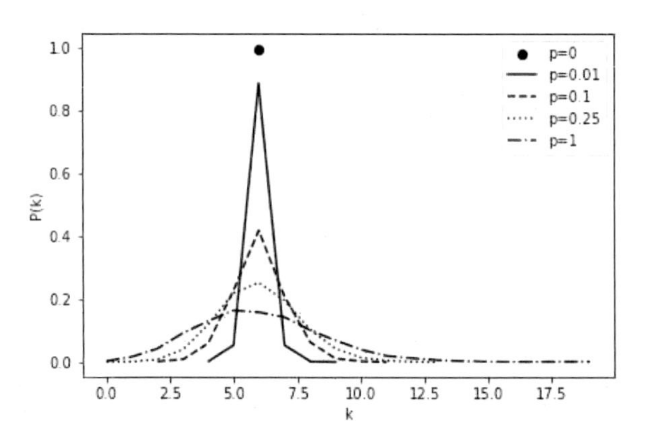

図 5.13　ランダムレギュラーグラフからランダム摂動させた次数分布．[168] より．

ノード数 $N = 6300$ とリンク数 $M = \langle k \rangle N/2$, 平均次数 $\langle k \rangle = 4$ または $\langle k \rangle = 6$ のネットワークにおける（除去後に再計算をしない）次数順のノード攻撃 HD に対する結合耐性を調べる．$d = 4$ または $d = 6$ のレギュラーグラフ，その離散摂動として表 5.5 と表 5.6 の次数の組合せの二峰性

ネットワーク, ランダム摂動として $p = 0.05, 0.01, 0.1, 0.25, 0.5, 0.75, 1.0$ のそれぞれで式 (5.13) の次数分布に従うネットワークを, コンフィギュレーションモデル [148] で生成する. そのリワイヤリングにより, 次数分布の正味の影響のみが結合耐性に効くことに注意されたい. 以下, 乱数値で生成した 100 個のネットワークにおける結果の平均値である.

図 5.14 は, 次数分布の分散 σ^2 が小さいほど, 言い換えれば**レギュラーグラフに近いほど, 5.4 節の式 (5.2) の頑健性指標** R **値が高くなる**ことを示す. 特に, 三角印の離散摂動や六角印のランダム摂動の場合より, 丸印の**レギュラーグラフが最も** R **値が高く強い耐性**となっている. また, 左右の図 5.14(a)(b) を比較すると, 平均次数が大きい方が R 値が若干高くなる傾向が伺える. さらに, R 値が大きいほど, 最小 FVS サイズも大きくなり, ループ強化される [166].

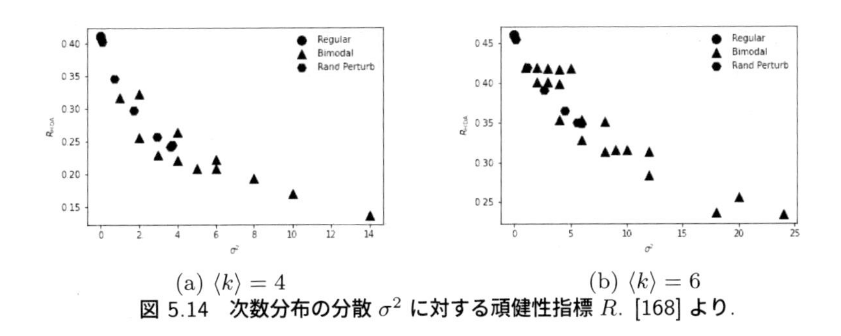

(a) $\langle k \rangle = 4$　　(b) $\langle k \rangle = 6$

図 5.14　次数分布の分散 σ^2 **に対する頑健性指標** R. **[168] より.**

別の指標を調べた図 5.15 も, 次数分布の分散 σ^2 が小さいほど, 付録 A.3.4 で求めた分断の臨界値 $1 - f_c$ が高く攻撃に対してより頑健になることを示す. 三角印の離散摂動や六角印のランダム摂動の場合より, 丸印のレギュラーグラフが最も高い臨界値で, 平均次数が大きい方が臨界値は若干高くなる傾向も図 5.14 と同様である[15].

図 5.16 は, $d = 4$ のランダムレギュラーグラフとそれに対応する平均次

15　付録 A.3.4 のように臨界値を解析的に導出することは困難であるが, 他の BP 攻撃などに対しても分散 σ^2 が小さいほど結合耐性が強くなることは数値的には得られている.

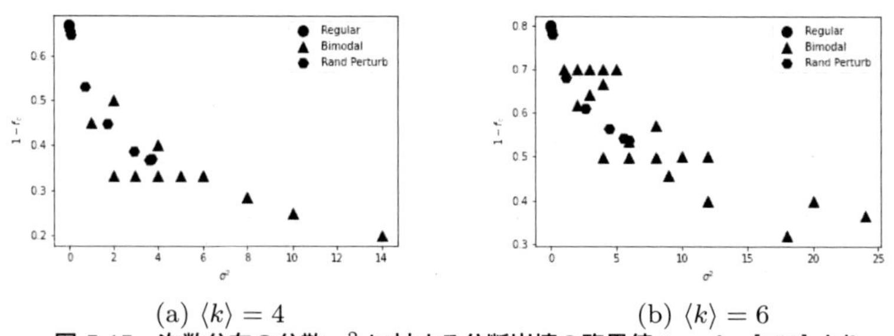

(a) $\langle k \rangle = 4$　　(b) $\langle k \rangle = 6$

図 5.15　次数分布の分散 σ^2 に対する分断崩壊の臨界値 $1 - f_c$. [168] より.

数 $\langle k \rangle = 4$ の二峰性ネットワークにおけるノードの占有率 $1 - q$（攻撃率 q は付録 A.3.4 の $1 - f$ に相当）に対する最大連結成分 GC のサイズ比 $S(q)/N$ を示す. (a)$d_1 = 2$ と (b)$d_1 = 3$ ともに, d_2 が小さいほど (表 5.5 より分散 σ^2 が小さいほど) 曲線が左にずれる. 図 5.14 縦軸の R 値は図 5.16 の曲線下の面積, 図 5.15 縦軸の占有の臨界値 f_c が図 5.16 の曲線がゼロに達する横軸値をそれぞれ表して, d_2 が小さいほど面積は大きく横軸値は小さく（分断の臨界値 $1 - f_c$ は大きく）なることを裏付けている.

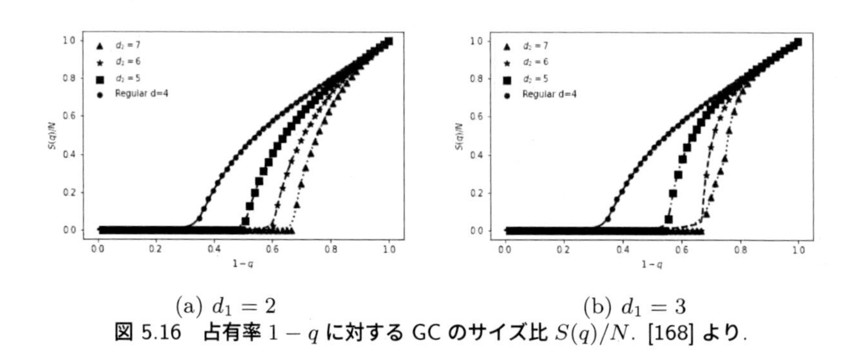

(a) $d_1 = 2$　　(b) $d_1 = 3$

図 5.16　占有率 $1 - q$ に対する GC のサイズ比 $S(q)/N$. [168] より.

本項のこれらの結果から,

次数分布の分散 σ^2 が小さいほど, 次数順攻撃 HD に対する結合耐性は強くなり, ランダムレギュラーグラフが最適 [167, 168, 169]

と結論付けられる. 言い換えれば, 全てのノードの次数が同じ平等な構造が, 結合耐性としては最も良い. **利己的な優先的選択に基づく脆弱な SF ネットワークの真逆こそ, 今後のネットワーク設計構築の目指すべき方向**である.

5.6.2 ランダム故障に対する耐性

不慮のランダム故障に対する結合耐性についても議論しよう. ランダム故障 RF で崩壊する故障率の臨界値 q_c に対応する, 付録 A.3.1 で導出した一様ランダムな浸透の臨界値 $p_c = 1 - q_c$ は, 次数分布 $P(k)$ の分散が

$$\begin{aligned} \sigma^2 &\stackrel{\text{def}}{=} \sum_k (k - \langle k \rangle)^2 P(k) \\ &= \sum_k k^2 P(k) - 2\langle k \rangle \sum_k k P(k) + \langle k \rangle^2 \\ &= \langle k^2 \rangle - \langle k \rangle^2, \end{aligned} \tag{5.11}$$

となることより,

$$p_c = \frac{\langle k \rangle}{\sigma^2 + \langle k \rangle^2 - \langle k \rangle},$$

と書き表される [170]. すなわち, 鎖状や次数相関など**特殊な構造がないランダム結合のネットワークにおいて, 任意の次数分布において平均次数 $\langle k \rangle$ が一定なら, その分散 σ^2 が大きいほど, 反比例して浸透の臨界値は小さくなり, 不慮の故障に対する耐性が増す**ことを意味する. つまり, 次数分布の長い裾野で分散 σ^2 が大きい, Scale-Free ネットワークがより高い故障耐性を持つ.

一方, 次数分布の分散がゼロとなる次数 $d = \langle k \rangle$ のランダムレギュ

ラーグラフでは, 上限値 $p_c = \frac{1}{d-1}$ となる [171][16]. 言い換えると, 故障には脆いレギュラーグラフでも, その分断崩壊の臨界値の故障率 $q_c = 1 - p_c = \frac{d-2}{d-1}$ より, 例えば $d = 3, 4, 5, 6$ に対して q_c が $1/2 = 0.5$, $2/3 = 0.666$, $3/4 = 0.75$, $4/5 = 0.8$ の割合の不慮の故障までは耐えて連結性を維持できる. したがって, 鎖状など特殊な構造がないランダム結合ならば,

> これが一様ランダムな故障率 q_c で分断崩壊する下限値であることから, 任意のネットワークにおいて $d \gtrapprox 6$ で平均次数がある程度大きければ, 80% ほど故障しても残りの 20% ほどが連結して伝達機能を果たす

ので, **実用上は, ネットワーク構造によらず, 不慮なノードの故障に対する結合耐性を余り問題にする必要はない**とも考えられる. もちろん, 故障による性能低下は起こり得て, それはまた別の議論となる.

問題 5-5

本章の知見に基づき, 通信網や物流網などにおいて現状の脆弱な SF 構造から, 効率性を余り損なわずに結合耐性を強化させるには, 何をどう変えるべきかを提示せよ. またそうした変革に対して障壁になると考えられるものを挙げよ.

16　レギュラーグラフにおける次数 d の各ノードがあるリンクで連結成分に繋がっているとして, 残りの $d-1$ 本中の 1 つのリンクが切れてなければ, その先も連結成分に含まれることは直感的に分かるはず.

第6章

災害や攻撃による破損後に役立つ代替経路

任意の２ノード間をつなぐ代替経路の存在は，災害時等でも機能し得る物流や通信の実現に極めて重要となる．そこで，通常の経路が分断された際に代替経路となり得る，共通ノードやリンクがない非交差経路の組合せ数に着目するが，その計数はNP問題に属する．実用性の観点から，数理物理の手法を適用したその近似解法を紹介する．

6.1　本章のあらまし

企業間の生産活動や経済活動はもちろん，我々の日々の生活などを含めて現代社会を支えているのは，電力網，通信網，物流網，さらには経済取引，水道やガスなど，こうした社会インフラのネットワークであると言っても過言ではない．ところが，世界中の至るところで社会インフラのネットワークにおいて大規模災害が発生している [4, 5, 8]．気候激変によるゲリラ豪雨や豪雪，あるいは国際的紛争における軍事的なインフラ攻撃などから，そうした脅威は増大する一方である．そこで例えば物流や人々の移動にとって，**大規模災害時における代替道路の存在が重要**となる[1]．また，2001 年 9 月 11 日に起きた同時多発テロ事件として知られる，イスラーム過激派テロ組織アルカイダによる世界貿易センタービルの破壊は，超過密かつ一極集中の通信網を分断させ，米国の経済活動をも停止させた．こうした**通信網でも同様に，多重冗長化が必要不可欠**となる[2]．

物流や通信などにおける複数の代替経路として，互いの経路上に共通のノードやリンクがない非交差経路が重要となる．何故なら，

> **ある地点ノード間をつなぐ（最短長などで）通常使われてる経路がどこかで途絶えたとしても，共通性がなければ，その故障箇所を通らずに全く別の経路でつなぐことが可能**

となる．そこで本章では，故障や攻撃の種類を特定せず，どこかの経路が途絶えても代替可能な非交差経路の組合せ数を考える．攻撃箇所ごとの非交差経路の減少については章末の 6.6 節にて議論する．

1　https://www.cbr.mlit.go.jp/road/syouiinkai/pdf/r2_dai2_haifu01.pdf

2　https://xtech.nikkei.com/it/members/ITPro/USURA/20020912/1/

6.2 代替経路の数え上げも難問

ところで, 与えられたある無向グラフ上の始点集合 $\{s_1, s_2, \ldots, s_k\}$ と終点集合 $\{t_1, t_2, \ldots, t_k\}$ の間をつなぐ定数 $k \geq 2$ 本の非交差経路の存在を判別する問題は, コンピュータ科学における NP 完全問題 [172] として知られ, 難解なグラフマイナー理論に基づく多項式オーダーの解法の存在性のみが示された [173] ものの, ($k = 3$ の場合ですら) **実用的に解ける手法はない** [174]. 非交差経路の数え上げを難しくする直感的な理由として, 無向グラフ上の各辺 (i, j) が取りうる方向は $i \to j$ と $j \to i$ のそれぞれ二通りあり, 総辺数 M では 2^M の膨大な組合せ数となることによると考えられる[3]. したがって, 素朴な方法として, 2^M 個の有向辺グラフのそれぞれについて, 各頂点ペア間の k 本の非交差経路を求める場合, 非現実的で膨大な計算時間を要することになる.

そこで, 非交差経路の組合せ数を求める為に, 数理物理学におけるヤング図形や（平面上の）無閉路有向グラフ上の非交差経路の数え上げ等に用いられる [175], 経路和行列 による（グラフ理論とは全く別の）アプローチ [176] に着目して, 次節にて手短に説明する. 電力網, 通信網, 物流網等, それらのネットワークの各リンクは双方向と考えられ, しかも地表上に構築されることから, 無向な平面グラフとして概念化できることに注意しよう.

図 6.1 は, $k = 2$ 本の非交差経路として, s_a から t_a と, s_b から t_b のそれぞれの経路を異なる線種で区別して表示している. 図 6.1 下より, $3 + 2 + 1 = 6$ 通りの組合せが存在する.

3　対象を有向グラフに限定すれば, ある頂点間をつなぐ経路を（後述するトークン伝搬などで）求めること自体は難しくなく, それらのうちで互いに共通の頂点や辺を持たない k 本の経路を組合せ的に選べばよい.

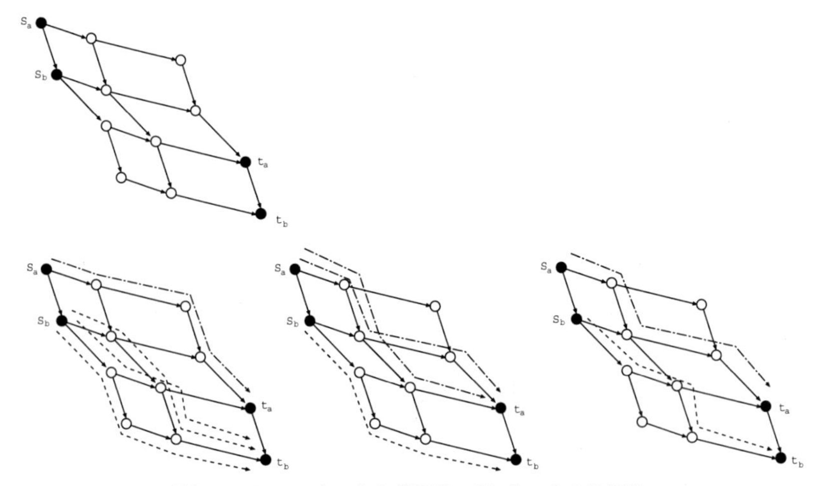

図 6.1　$k = 2$ 本の非交差経路の例. [180] より抜粋.

6.3　経路和行列と全正値性

平面上の無閉路有向グラフ[4]で, 円と位相同型な境界上に $2k$ 個のノードとして（例えば時計回り順に）$s_1, s_2. \ldots, s_k$ と $t_k, t_{k-1}. \ldots, t_1$ を持つとする [176, 177]. また, s_i と t_j をつなぐ経路の集合を $\mathcal{P}(s_i, t_j)$ で表すとき, 円形平面性より, ノードの添字順に関する以下の適合条件 [178] を満たす.

> 適合条件: $P \in \mathcal{P}(s_i, t_j)$, $Q \in \mathcal{P}(s_g, t_h)$, かつ, $i < g$, $j > h$ であれば, 経路 P と Q は交差する.

上記の前提で, s_i と t_j をつなぐ（互いに交差するかもしれない）経路の数をその要素 w_{ij} とした経路和行列 W を考える. 行列式 $\det W$ は, s_1 と t_1, s_2 と t_2, ... s_k と t_k, をそれぞれつないで（共通のノードやリンクを持たない）互いに非交差な k 本の経路の組合せ数を与える [176, 177].

一般に, 正方行列 W の全ての小行列式が正値（または非負値）になる

4　閉路が存在する場合, グルグル何周でも回れて, 経路の無限集合を考えることになるのを避けるため, 無閉路グラフを考える.

とき, W を全正値（または全非負）行列という. 上記の適合条件を満たすある平面グラフに対して, 唯一の全非負行列が定まる一方, ある全非負行列には複数の平面グラフが対応し得る, 一対多の関係となる [177].

また, k 次元の行列式を余因子展開で求める計算量は $O(k!)$ となるが, もし k が大きくても, 全非負行列なら（下三角行列と上三角行列の積による）LU 分解 [60] が可能 [179] で,

$$\det W = \det(LU) = (\det L) \times (\det U) = (\Pi_i L_{ii}) \times (\Pi_i U_{ii}),$$

となり, L と U の対角成分の積の計算量は $O(k)$ で, LU 分解に必要な計算量は $O(k^3)$ となる. さらに, 平面グラフの平均次数は 6 以下 [154] なので, 有向平面グラフにおける経路和行列 W の行列式 $\det W$ の計算量は, ノード数 N やリンク数 M に依存しない定数項と見なせる.

問題 6-1

適合条件を満たすとき, 円形平面を経路 P が上下に分断して, s_g は経路 P の上側で t_h は経路 P の下側に存在するので, それらをつなぐ経路 Q は P と交差せざるを得ないことを図を描いて確かめよ.

6.4 非交差経路の組合せ数の近似計算

電力網, 通信網, 物流網, 等のインフラネットワークは地表上に構築されるが, 各辺が双方向の無向グラフに一般的には対応付けられる. そこで, 災害時の代替経路になり得る非交差経路の組合せ数を, 経路和行列 W を用いて求めるには, （上記のインフラネットワークとして）与えられたある無向グラフから無閉路有向グラフへのマッピングが必要となる. 以下, 任意に選んだ始点 s と終点 t に応じた辺の方向付けによる, マッピング方法を紹介する [180].

一定数 k 本の非交差経路の組合せ数を求める基本処理の概要を示す.

Step:0 ノード数 N における $N(N-1)/2$ の組合せ分の始終点 s, t を考

え, それぞれの始終点について以下を行う. s から t の経路と t から s の経路は, 辺の方向を真逆にすれば同一視できることに注意.

Step:1　ある s, t に対して, 辺の方向付けを行い, 隣接ノード集合 ∂s や ∂t 等から一定数 k 個のノードを $s_1, s_2, \ldots, s_k$ と $t_1, t_2, \ldots, t_k$ としてそれぞれ組合せ的に選ぶ.

Step:2　後述する例外でなければ, 始終点 s, t に応じた $\det W$ から k 本の非交差経路の組合せ数を求める.

Step:3　例外なら, 個別の処理を行う.

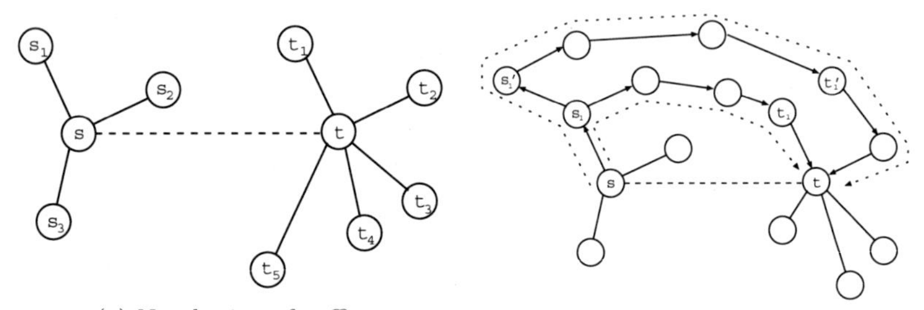

(a) Numbering of suffix　(b) Detour routes

図 6.2　マッピングの前処理. [180] より.

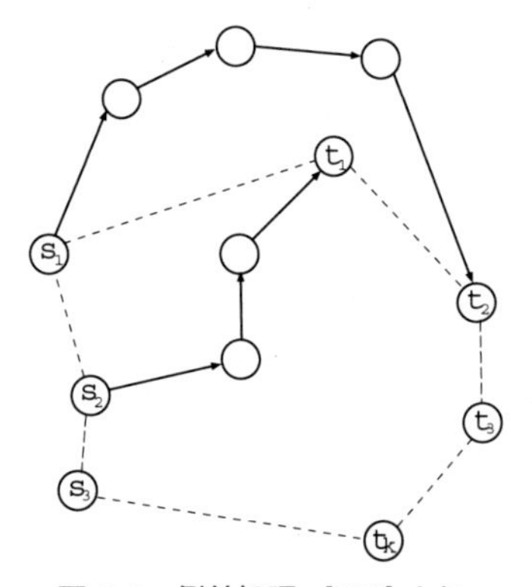

図 6.3　例外処理. [180] より.

図 6.2(a) のように, 経路の始終点 s と t にそれぞれ最近接な隣接ノード集合 ∂s と ∂t から, 仮想境界上の $s_1, s_2, \ldots, s_k$ と $t_1, t_2, \ldots, t_k$ を選ぶ. その際, 先の適合条件を考えて, 仮想線分 s-t と垂直方向に上から下に（あるいは水平方向に左から右）の順にノード番号 $1, 2, \ldots, k$ を付けることに注意しよう. ここで, 仮想と呼んでいるのは, 経路和行列 を適用するため, 実際のネットワークには存在しない概念的な境界や線分を考えている.

最大本数は $k = \min\{|\partial s|, |\partial t|\}$ で, 平面グラフでは平均的に 6 未満 [154] であるが, $s_1, s_2, \ldots, s_k$ と $t_1, t_2, \ldots, t_k$ として ${}_{|\partial s|}C_k \times {}_{|\partial t|}C_k$ の選び方が存在する. あるいは, 図 6.2(b) のように, 第二近接ノード s'_i や t'_i を仮想境界ノードとして選べば, より遠周りに迂回する経路も調べられる[5].

仮想境界ノードが定まったら, s と t が経路の共通ノードとならないようマッピングのために, s と s_i および t と t_j の各辺を一時的に除去して, 残りの各辺の方向を線分ベクトル $s \to t$ と ± 90 度内となるように決めれば, 閉路は存在しない. この方向付けは, アドホック無線通信におけるコンパスルーティング [181] と類似する. ただし, このマッピングによって, 2^M 通りから大幅に辺方向は限定され, そこから経路和行列を用いて得られる非交差経路の組合せ数は近似値となることに注意は必要である.

ところで, もし s と t が直接結合, または $s_i = t_j$ を介して結合するとき[6], 例外処理となる. あるいは, 図 6.3 のように, 多角形 s_1-t_1-...-t_k-s_k-...-s_2 の外側を通って s_1 と t_2 をつなぐ経路が存在するとき, 適合条件を満たさず, 例外処理となる. 例外処理では, s と t の直接結合, s-$s_i = t_j$-t の仲介結合, 外側を通る経路が存在すれば, その本数を数えて, k 本からその分を引いた残りの非交差経路に関して $\det W$ を用いて組合せ数を求める.

各辺の方向付け後, 経路和行列 W の各要素 w_{ij} の値は（例えば）トークン伝搬により求めることができる. 例として, 図 6.4 左では, s_a から隣接ノードにトークン”1”を送信して, 各ノードは自身が受け取ったトークンの和をその先のノードに転送することを繰り返すと, 各ノードに

5　必要に応じて第三近接, 第四近接, ... を選ぶことも可能だが, 処理が複雑になるのが難点.

6　これらの例外は, 各辺上に 2 個のダミーノードを付与すれば解消できる. ただし, ダミーノードは経路の始終点にはならないものとする.

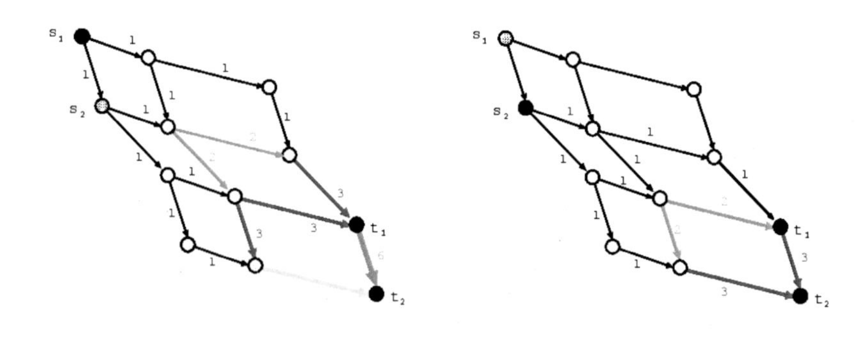

図 6.4　要素 w_{ij} を求めるトークン伝搬の例. [180] より抜粋.

届いたトークンの和が s_a からそのノードへの経路数を表す. 図 6.4 右は, s_b から各ノードへの経路数を表す. これらから, $w_{11} = 3 + 3 = 6$, $w_{12} = 6 + 4 = 10$, $w_{21} = 1 + 2 = 3$, $w_{22} = 3 + 3 = 6$ が得られ,

$$W = \begin{pmatrix} 6 & 10 \\ 3 & 6 \end{pmatrix}, \quad \det W = \begin{vmatrix} 6 & 10 \\ 3 & 6 \end{vmatrix} = 6.$$

となって, この例における $k = 2$ 本の非交差経路の組合せ数は図 6.1 下の 6 通りと合致することが確かめられる.

より一般には, 経路和行列 W の要素 w_{ij} をトークン伝搬で図 6.5 のように計算する. 図 6.5 上は, $t_1, t_2, \ldots, t_j, \ldots, t_k$ へ, s_i からのホップ数距離で定まる各階層のノードにトークンが送られる様子を示す. その際, 点線で表現した同一階層内の辺については別途送信するものとして, まずは省いて描いている. この時点で, t_1 には $1 + 1 = 2$, t_2 には $5 + 2 = 7, \ldots,$ t_j には 2, ..., t_k には 2 個のトークンが届き, それらは s_i から順に階層を移動する経路の数（階層内を移動する経路は含まれず, 全体の一部の経路数）を表す. 図 6.5 下は, 同一階層内の辺を通じて, その階層のホップ数分の時間遅れを伴って, そこに届いたトークン（の和）が送出される様子を別途示す. これら図 6.5 上下の合計として, 同一階層内の辺を省いた分と

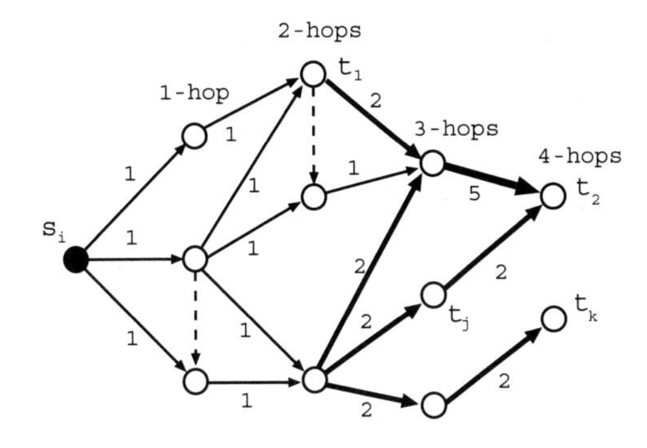

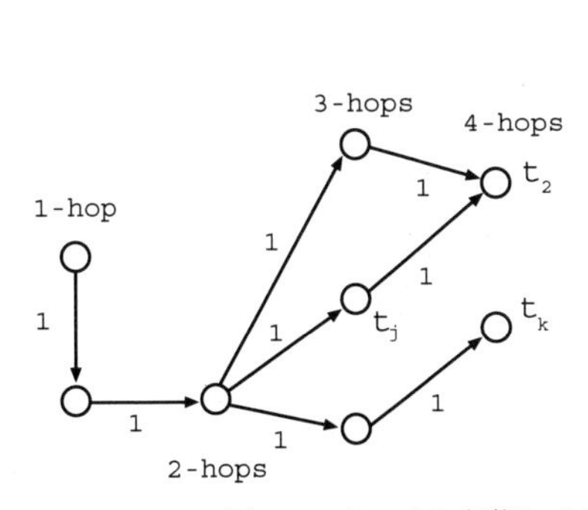

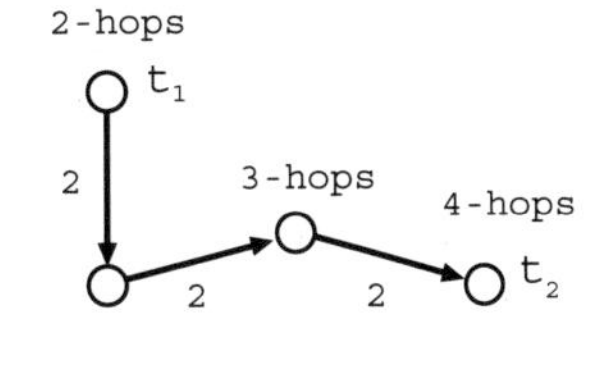

図 6.5　トークン伝搬による要素 w_{ij} の計算. [180] より.

同一階層内の辺による分を合わせて t_j に届いたトークン数が, s_i から t_j の経路数 w_{ij} を定める[7]. 全てのトークンは, s_i から $t_1, t_2, \ldots, t_j, \ldots, t_k$ の中で最も遠い受信ノードのホップ数（図 6.5 の例では 4 ホップ目）まで送ったら, それ以降は不要なので消滅させる.

ここで, トークン伝搬の計算量を考えよう. ある始終点 s, t に対して, 図 6.5 上では高々 M 本の辺をトークンが伝搬して $O(M)$, また図 6.5 下の同一階層の高々 M 本の辺からそれぞれ高々 M 本の辺をトークンが伝搬し

7　ある有向グラフに対して, このトークン伝搬法で求めた経路数 w_{ij} は, $O(N^3)$ の別のアルゴリズム [182] の解や隣接行列 A を用いた $A + A^2 + A^3 + \ldots A^l$ の ij 成分と等価である.

て $O(M^2)$ の計算量となる[8]．始終点 s, t の選び方に $N(N-1)/2$ の組合せがあるので，全体の計算量は高々 $O(N^2M^2)$ と見積もれる．

問題 6-2

2.3 節では，媒介中心性の計算のため，ノード s と u 間の最短経路数 σ_{su} を求めるトークン伝搬法を紹介した．図 2.2 と図 6.5 を比べて，本節の w_{ij} の計算のためのトークン伝搬法との違いを，何故そうなるのか説明せよ．

6.5　数え上げの実験例

災害時等の緊急物資輸送を想定した，欧州の陸続きの国のつながりを図 6.6 に示す．実際は隣接する二国間に複数の道路が存在するが，それらを直線で結んで単純化している．ただし，複雑な国境の為，一部にダミーノード（国の略記号がないもの）を配置している．

この欧州の国のつながりにおける例として，始点 s をスロベニア (SI) に終点 t をフランス (FR) に設定した場合で，$k=3$ 本の非交差経路の各組合せ数と，それに対応する経路和行列 W の行列式を以下に列挙する [180]．

1. s_1:HU, s_2:AT, s_3:IT と，t_1:DE, t_2:CH, t_3:IT を選ぶ．
   一組の非交差経路：SI-HU-SK-CZ-DE-FR, SI-AT-CH-FR.
   $$\det W = \begin{vmatrix} 5 & 7 & 0 \\ 2 & 3 & 0 \\ 0 & 1 & 1 \end{vmatrix} = 1.$$
2. s_1:HU, s_2:AT, s_3:IT と，t_1:BE, t_2:CH, t_3:IT を選ぶ．
   三組の非交差経路：
   SI-HU-SK-CZ-DE-BE-FR, SI-AT-CH-FR, SI-IT-FR.
   SI-HU-SK-CZ-DE-LU-BE-FR, SI-AT-CH-FR, SI-IT-FR.
   SI-HU-SK-CZ-DE-NL-BE-FR, SI-AT-CH-FR, SI-IT-FR.

8　一般に，同一階層の辺の数は非常に少なく，さらに $t_1, t_2, \ldots, t_j, \ldots, t_k$ に届くまで極一部の辺のみをトークンが伝搬すると考えられ，最悪評価で計算量を見積もっている．

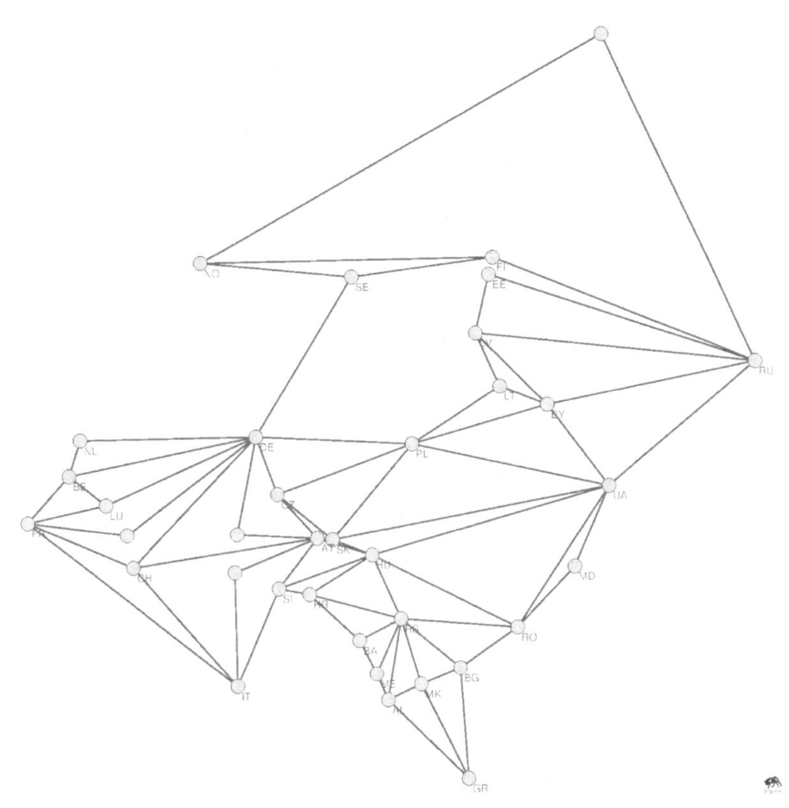

図 6.6 欧州の陸続きの国のつながりネットワーク. [180] より.

$$\det W = \begin{vmatrix} 15 & 7 & 0 \\ 6 & 3 & 0 \\ 0 & 1 & 1 \end{vmatrix} = 3.$$

3. s_1:HU, s_2:AT, s_3:IT と, t_1:LU, t_2:CH, t_3:IT を選ぶ.
   一組の非交差経路：
   SI-HU-SK-CZ-DE-LU-FR, SI-AT-CH-FR, SI-IT-FR.

$$\det W = \begin{vmatrix} 5 & 7 & 0 \\ 2 & 3 & 0 \\ 0 & 1 & 1 \end{vmatrix} = 1.$$

別の例として，我が国の基幹通信網[9]において，図 6.7 上に示す始点 s をノード 3 に終点 t をノード 5 に設定した場合で，図 6.7 下の線種で区別した $k = 3$ 本の非交差経路の各組合せ数 $5 + 5 = 10$ と，それに対応する経路和行列 W の行列式を以下に列挙する [180].

1. s_1:10, s_2:6, s_3:4 と，t_1:8, t_2:7, t_3:4 を選ぶ．
   五組の非交差経路（図 6.7 下左）
   $$\det W = \begin{vmatrix} 5 & 0 & 0 \\ 1 & 1 & 0 \\ 1 & 1 & 1 \end{vmatrix} = 5.$$

2. s_1:10, s_2:6, s_3:2 と，t_1:8, t_2:7, t_3:4 を選ぶ．
   別の五組の非交差経路（図 6.7 下右）
   $$\det W = \begin{vmatrix} 5 & 0 & 0 \\ 1 & 1 & 0 \\ 1 & 1 & 1 \end{vmatrix} = 5.$$

6.6 関連する話題

6.6.1 グラフ分割と最適な？ 代替路に関して

グラフ分割の方法として，最小 RatioCut と呼ばれる組合せ最適化問題がしられている [183, 184, 185]．これは，できるだけ少ない本数の辺の切断で，分割後のサイズがほぼ均等になるように，どの辺を選ぶかを探る問題 [185] で，選ばれた辺の切断により全体をつなぐネットワーク機能を失うことから，それらの辺の特定や本数をネットワークの脆弱さの指標として捉えることができる．ところが，この問題は NP 困難 [72] なので，その分割サイズに関する整数値の制約を実数値に緩和することで，グラフの

9　https://www.soumu.go.jp/johotsusintokei/whitepaper/ja/h11/html/B2310000.htm
平成 11 年通信白書を参照.

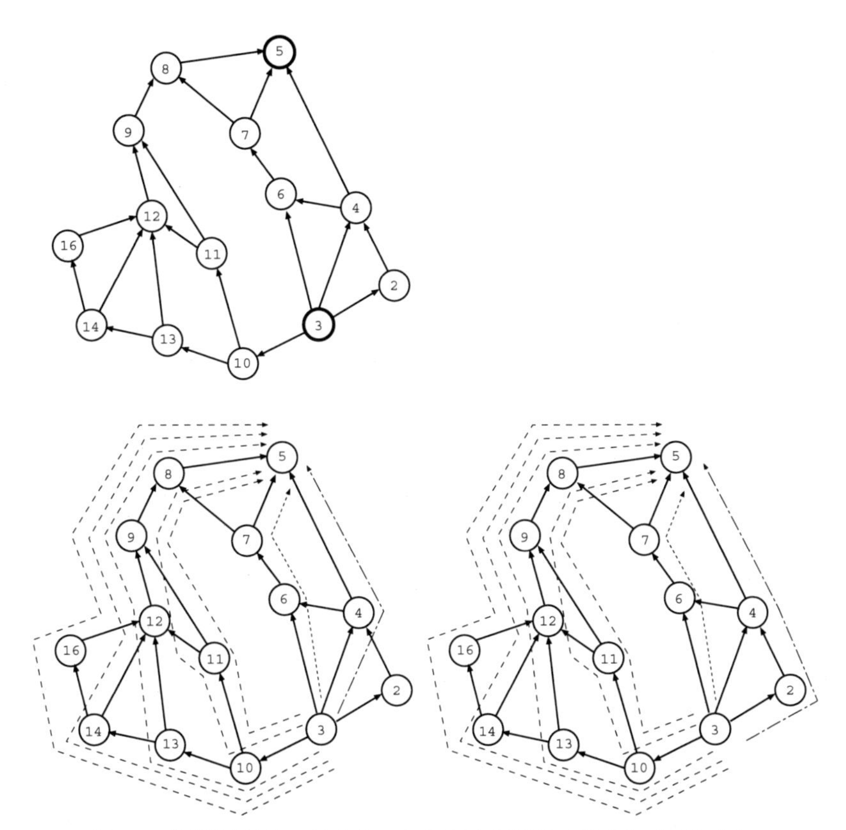

図 6.7 基幹通信網における $k=3$ 本の非交差経路の組合せ. [180] より.

Laplacian 行列の第二最小固有値の固有ベクトルの正負値を用いて, 上記の切断辺を見つける近似解法 [186] が提案されている（付録 A.6 参照）. さらに, 上記は, その固有ベクトルと輸送配分への収束時間の関係性に着目した（二次計画問題あるいは）半正定値問題に帰着させて, 限られた経費内で補強すべき最適な既存リンクを探す方法に拡張されている [187]. しかしながら, こうした方法では, 始終点 s, t ごとに代替経路となり得る何本の非交差経路が何通り存在するのかは分からない.

一方, 一般に（距離長や移動時間などで重み付けた）辺コストを与えた場合を含めて, 始点 s から各ノード i への（複数の最短経路等を同じ最小コスト和の経路で定めた）Efficient Paths を求める多項式アルゴリズムは存在する [188]. ただし, Efficient Paths を求めるのに全ての経路を探索する必要がない反面, 最短経路よりも遠回りする迂回路を許容せず, 災害時等の活用を考えると, 本章で議論している非交差経路と比較して極めて限定される.

ところで, 最小辺コスト和の経路を探すことは実用上重要かも知れない. しかしながら, 辺コストの定義として, 距離や移動時間の他に, 通行料や安全性など種々考えられる. また例えば, 辺コストとして通信帯域幅を考えると, 経路上の辺コスト和ではなくその最小値に依存した組合せ問題となって NP 困難である [189]. 一方, コスト以外の, 輸送量の維持最大化や, 許容量内での渋滞や輻輳の回避など, **対象とするネットワークごとに何を重視すべきかは変わり得る**. さらに, 本章では最も基本的な尺度として, 不特定のノードやリンクの機能不全で通常経路が使用不能になった（あらゆる）場合を想定して, その代替経路として予備の $k-1$ 本が何通り存在するかをあらかじめ調べる方法を紹介したが, 地震や洪水などの災害は面的に発生して, 悪意のあるテロなどは弱点箇所を重点攻撃することを更に考慮する必要性はある. 例えば, 表 5.1 に示した攻撃など, こうした特定の被害状況に応じた代替経路の残余数の議論には, さらなる数値シミュレーションや（可能なら）理論解析が必要で, 今後の検討課題となる. ただし,（攻撃率 q に対する qN 個に相当する）一定数のノード除去で, 任意の始終点ペアができるだけつながらない, すなわち, 最大連結成分 GC のサイズだけでなく他の連結成分を含めてできるだけネットワークを分断させる致命的ノード検出 (CND: Critical Node Detection)[190] は NP 困難である. したがって,

できるだけネットワークを分断させる最悪の攻撃を見つけること自体が厳密には不可能で, 代替経路の残余数の評価を実際どのように行うべきか議論を要する.

パーコレーション（浸透）問題と組合せ最適化問題の密接な接点はここに

も見られる.

6.6.2 過負荷の連鎖的故障に対する耐性に関して

別の話題として少し脇道に逸れるが, 5.6 節で述べた**次数分布の分散が小さくランダムレギュラーグラフに近いほど, 結合耐性が強くなるのみならず, 代替経路もより多く存在する**と考えられる. その裏付けとして, 平面グラフに限定せず, 直接的な代替経路数ではなく間接的ではあるが, 1.4 節の逆優先的選択で毎時刻 $m = 2$ 本ずつで生成した $N = 1000$ のネットワークから, 鎖状構造等の無い次数分布の寄与のみを考えるために（一様ランダムにリワイヤする）コンフィグレーションモデル [148] でランダム化した場合に対して, 以下の数値結果が得られている [191].

まず, 図 6.8 のように, 実線で示した次数の +1 乗に比例した優先的選択の場合（BA モデルの SF ネットワーク）よりも点線や一点鎖線で示した次数の β 乗 ($\beta = -10, -100$) に比例した逆優先的選択のほぼレギュラーグラフ（いずれもコンフィグレーションモデル [148] でランダム化）に近いほど, 2.2 節の媒介中心性（ノード i, j 間の各リンクに関して媒介中心性を拡張した b_{ij}）の頻度分布 $P(b_{ij})$ の幅が狭くなる. ほぼ一定 $b_{ij} \approx 3 \times 10^3$ の狭い分布幅が意味するのは, ノードペア間のフローが複数の経路に分散して, 一部のリンクに最短経路が集中しにくいことに相当する.

さらに, 上記の複数経路の存在に関連して, レギュラーグラフに近いほど, 過負荷の連鎖的なカスケード故障に対する耐性も強くなる. カスケード故障のモデル [191, 192] では, パケットが最短経路を通る通信網などを想定[10]して, 時刻 t における各ノード i の負荷 $LO_i(t)$ を式 (2.2) の媒介中心性で定義する. その際, 耐性パラメータ $0 < \alpha < 1$ を用いて, 各ノード i で処理可能な許容負荷を

$$CA_i \stackrel{\text{def}}{=} (1 + \alpha) LO_i(0),$$

と定めて, 以下の動作を繰り返す. 時刻 $t = 0$ の初期故障や攻撃でいくつ

10　電力網のモデル化としては適していない. 何故か？

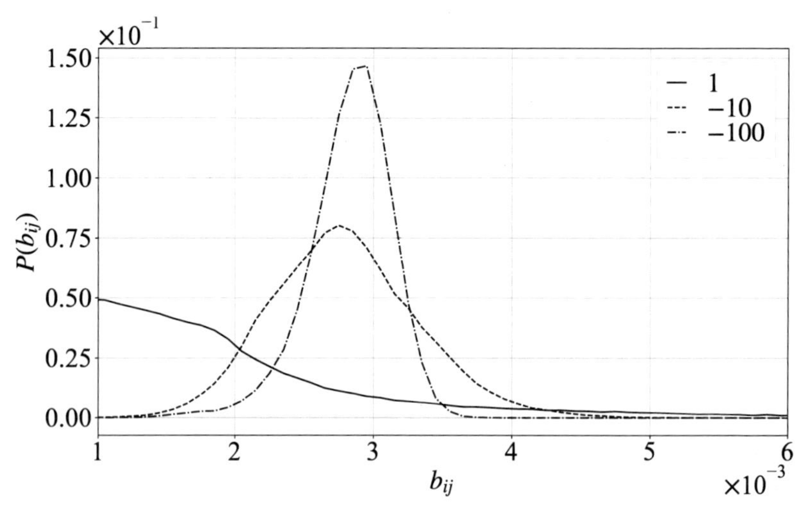

図 6.8　リンクの媒介中心性の頻度分布.

かのノードが除去され，その影響で除去後に残った連結成分内の最短経路が更新されて各ノード i の負荷 $LO_i(t+1)$ が変化する．負荷変化により，もし $LO_i(t+1) > CA_i$ なら，ノード i は過負荷となって機能不全に陥り，それら機能不全な i の新たなノード除去で更に最短経路が更新され，収束するまで上記の処理を同様に行う．この動作は直感的には，道路の渋滞やパケット通信の輻輳に相当して，ある箇所の過負荷（渋滞）によりそこを通るのを避けて（車やパケットの）流れが変わることで，別の箇所で第二第三の過負荷が起こり，それらを通るのを避けて流れが更に変わることを収束するまで繰り返す.

図 6.9 は，耐性パラメータ α に対する初期故障前の元のサイズ N とカスケード故障後の最大連結成分 GC のサイズ N' とのサイズ比 N'/N を示す．上図は初期故障ノード数 AN が 1 個，下図は初期故障ノード数 AN が 50 個，左図は初期故障ノードをランダム選択した場合，右図は初期故障ノードを最大負荷 $LO_i(0)$ の大きい順に選択した場合である．図 6.9 左の初期ランダム故障に対しては，耐性パラメータが非常に小さい $\alpha < 0.3$ では実線の方が上だが，許容負荷 CA_i が初期負荷の 1.5 倍以上の $\alpha > 0.5$

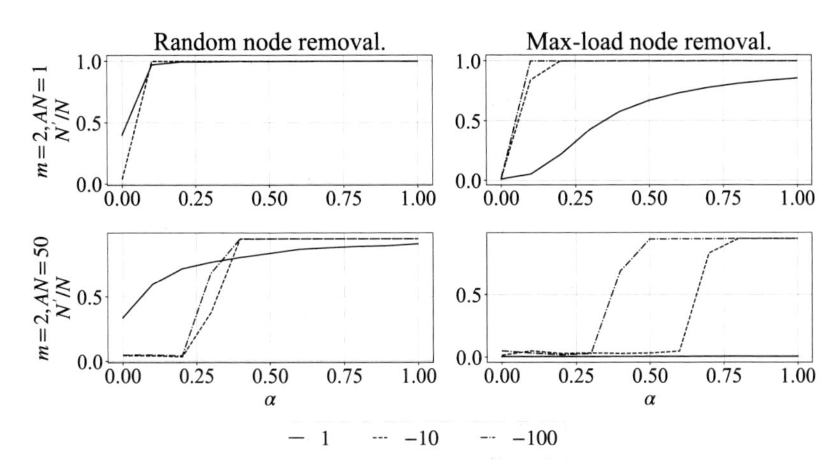

図 6.9 耐性パラメータ α に対するサイズ比 N'/N. [191] より一部抜粋.

では点線や一点鎖線のレギュラーグラフに近い方がサイズ比 N'/N が大きく連結性を保持して通信や輸送の機能を保持できる. 図 6.9 左下, $\beta = -10$ の点線と比較すると, $\beta = -100$ のよりレギュラーグラフに近い一点鎖線が左に位置して, α 値が多少小さくても連結性をより保持できる. 一方, 図 6.9 右の初期最大負荷故障に対しては, 点線や一点鎖線が常に実線より上にあるが, $\beta = -100$ のよりレギュラーグラフに近い一点鎖線が左に位置して, α 値が多少小さくても連結性をより保持できることは, 図 6.9 右上下の初期ランダム故障の場合よりも顕著となる.

同様な上下左右の場合で, 図 6.10 はパラメータ α に対する通信効率 E を示す. ここで, 通信や輸送の効率を表す E は, ノード i, j 間の最短経路長 L_{ij} を用いて,

$$E \stackrel{\text{def}}{=} \frac{1}{N(N-1)} \sum_{i \neq j} \frac{1}{L_{ij}}, \tag{6.1}$$

と定義される[11]. 図 6.10 左の初期ランダム故障に対して, 通信効率の E 値は SF ネットワークの場合の実線の方が常に上で高い. ただし, $E \approx 0.25$

11 最短経路長 L_{ij} の算術平均ではなく, $1/E$ が調和平均であることに注意. 調和平均は, 転送速度などで距離を定めた場合に適する. https://manabitimes.jp/math/810

と $E \approx 0.2$ ほどの差なので, 平均経路長 $1/E$ としてはそれぞれ 4 と 5 ホップの差程度である. 図 6.10 左下, $\beta = -10$ の点線と比較すると, $\beta = -100$ のよりレギュラーグラフに近い一点鎖線が左に位置して, α 値が多少小さくても通信効率の E 値が若干高くなる. 一方, 図 6.10 右上の初期最大負荷故障に対しては, $\alpha > 0.5$ において SF ネットワークの場合の実線がレギュラーグラフに近い点線や一点鎖線より上に位置する. 図 6.10 右下では, SF ネットワークの場合の実線は $E = 0$ で連結成分の崩壊を示す. $\beta = -10$ の点線と比較すると, $\beta = -100$ のよりレギュラーグラフに近い一点鎖線が左に位置して, 通信効率の E 値が高くなることは, 図 6.10 右上下の初期ランダム故障の場合よりも顕著となる.

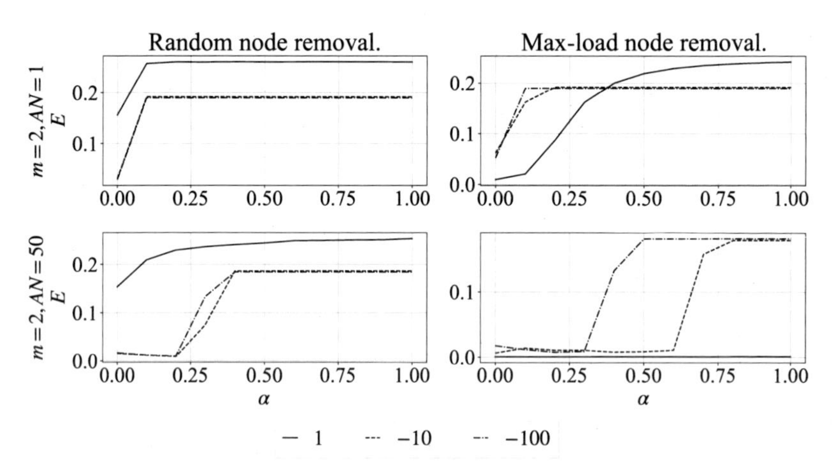

図 6.10　耐性パラメータ α に対する通信効率 E. [191] より一部抜粋.

付録A

いくつかの式の導出

やや込み入った式の導出を付録に載せる．これらの中には，余り知られていないが他の解析等でも役立つと考えられるものもあり，辞書的に活用頂ければ幸いである．

A.1　BA モデルの次数分布の別解法

A.1.1　マスター方程式

1.2 節の BA モデル [21] において，新ノードとして時刻 t_i で挿入されたノード i が，時刻 $t > t_i$ で次数 k を持つ確率を $p(k, t_i, t)$ と表記する．すると，優先的選択によって，次時刻 $t+1$ で i が次数 k となる確率は，

$$P(k, t_i, t+1) = \frac{k-1}{2t} P(k-1, t_i, t) + \left(1 - \frac{k}{2t}\right) P(k, t_i, t),$$

に従う [193]．上式右辺第 1 項は次数 $k-1$ にリンクが 1 本追加される確率，右辺第 2 項は次数 k のままリンクが追加されない確率を表す．上式の時間変数について和をとった，

$$\sum_{t_i=1}^{t+1} P(k, t_i, t+1) = \frac{k-1}{2t} \sum_{t_i=1}^{t} P(k-1, t_i, t) + \left(1 - \frac{k}{2t}\right) \sum_{t_i=1}^{t} P(k, t_i, t).$$

に対して，

$$P(k) = \lim_{t \to \infty} \sum_{t_i=1}^{t} P(k, t_i, t)/t \approx \sum_{t_i=1}^{t} P(k, t_i, t)/t,$$

を代入すると，

$$(t+1)P(k) = \frac{k-1}{2t} tP(k-1) + \left(1 - \frac{k}{2t}\right) tP(k),$$

を得る．これを整理して k について再帰的に適用すれば，

$$P(k) = \frac{k-1}{k+2} P(k-1) = \frac{4}{k(k+1)(k+2)} \sim k^{-3},$$

となる．

A.1.2　平均場近似

一方，平均場近似と呼ばれる解析でも同様に，べき指数 3 の次数分布が以下のように得られる [21]．

毎時刻 m 本追加される優先的選択によるノード i の次数 k_i の時間変

化は

$$\frac{dk_i}{dt} = m\frac{k_i}{\sum_j k_j} = \frac{k_i}{2t},$$

と表わされる．ここで，$\sum_j k_j = 2mt$ を用いた．（時刻 t_i で挿入される新ノードとしての）初期条件 $k_i = m$ で，上記の微分方程式を変数分離法で解くと，

$$k_i(t) = m\sqrt{\frac{t}{t_i}},$$

となる．

以下の累積分布を考えて，上記の解を代入すると，

$$\begin{aligned} P(k_i(t) < k) &= P_t(t_i > \tfrac{m^2 t}{k^2}) \\ &= 1 - P_t(t_i \leq \tfrac{m^2 t}{k^2}) \\ &= 1 - \tfrac{m^2 t}{k^2(N(0)+t)}, \end{aligned}$$

を得る．ここで，$N(0)$ は $t = 0$ の初期構成のノード数である．

平均場近似として，（平均化あるいは平滑化する）積分に相当する上記の累積分布を k で微分すると，

$$P(k) = \frac{\partial P(k_i(t) < k)}{\partial k} = \frac{m^2 t}{N(0)+t} \times \frac{2}{k^3} \sim k^{-3},$$

となる．

同様な近似解析で，(1.3.4 項の $\nu = 0$ の場合に相当する) 利己性のない一様ランダム選択における，指数分布も導出できる [21]．さらに，この BA モデルの解析法は，次数の平均的な時間変化が単調増加で，古株ノードほど次数が大きくなる平行曲線が数値的に得られる時の，成長するネットワークにおける次数分布の推定に拡張できる [44, 194]．古株を支配的と仮定することは，半ば暗黙的に式操作されているが，マスター方程式で時間変数の和をとることや，（累積分布への積分をしてから微分する）平均場近似でも同様と考えられる．

A.2　有限グラフの伊原 Zeta 関数

2.5 節の NB 行列 B は, 以下の有限グラフに対する伊原 Zeta 関数を定義する際に考案された [59]. それは, 以下のように書き表されることを導こう.

$$\zeta_G(z) \stackrel{\text{def}}{=} \det(I - zB)^{-1} = \exp\left(\sum_{m=1}^{\infty} \frac{1}{m} z^m \mathrm{Tr} B^m\right).$$

行列 B のトレース $\mathrm{Tr}B \stackrel{\text{def}}{=} \sum_i B_{ii}$ は, その固有値を用いて,

$$\mathrm{Tr}B^m = \lambda_1^m + \lambda_2^m + \ldots \lambda_N^m,$$

と書けること, および,

$$\log(1 - x) = \log(1 + (-x)) = -\sum_{m=1}^{\infty} \frac{x^m}{m},$$

を上式右辺に代入する [195].

$$\begin{aligned}
(\text{上式右辺}) &= \exp\left(\textstyle\sum_{m=1}^{\infty} \frac{1}{m}(\lambda_1^m z^m + \ldots + \lambda_N^m z^m)\right) \\
&= \exp\left(-\log(1 - \lambda_1 z) - \ldots - \log(1 - \lambda_N z)\right) \\
&= \exp\left(\textstyle\sum_{l=1}^{N} \log \frac{1}{1 - \lambda_l z}\right) \\
&= \exp\left(\log \Pi_{l=1}^{N} \frac{1}{1 - \lambda_l z}\right) \\
&= \frac{1}{(1 - \lambda_1 z) \ldots (1 - \lambda_N z)} = \det(I - zB)^{-1}.
\end{aligned}$$

ここで, 上記の式変形では特に NB 行列の性質を使ってなく, 任意の正方行列に対して成立することが分かる. すなわち, 線形写像 B に対して, $\mathrm{Tr}B^m$ が（何箇所か交差を許して）m 周して戻るものの数を表すことに気づけば, $\det(I - zB)^{-1}$ は Ruelle Zeta 関数 [196] とも見なせる. これは交差を許すので（一周のみの）素な成分ではなく混じっているが, ループに関連した量と考えられる.

一方, 整数論における Riemann の Zeta 関数は,

$$\zeta(s) \stackrel{\text{def}}{=} \Pi_p (1 - p^{-s})^{-1} = \sum_{n=1}^{\infty} n^{-s},$$

と書き表され [197], 有限グラフの伊原 Zeta 関数 $\zeta_G(z) = \det(I - zB)^{-1}$ と式の形が類似する. $\zeta(s)$ の上式右辺の等式は, 素数 p に関する積と整数 n に関する和が等しいことを示す.

A.3 頑健性の解析

5.2 節や 5.5 節における頑健性の議論に関連した, パーコレーション（浸透）解析を主に SF ネットワークに適用した結果について概説する.

A.3.1 母関数による解析

まず一般論として, 次数 k をもつノードの任意の次数分布 $P(k)$ に対する以下の母関数を考える.

$$G_0(x) \stackrel{\text{def}}{=} \sum_k P(k)x^k, \quad G_0'(x) = \sum_k kP(k)x^{k-1}.$$

ここで, $'$ は微分 d/dx：導関数を表して, 抽象的な変数としてリンク先の一個のノードが x に対応すると考える.

一方, あるノード v に隣接する w が次数 k である確率は $kP(k)$ に比例する. 言い換えれば, それは v のリンクをランダムに一本選択する確率と解釈でき, その母関数を以下の $G_1(x)$ で定める.

$$\frac{\sum_k kP(k)x^k}{\sum_j jP(j)} = x\frac{G_0'(x)}{G_0'(1)} \stackrel{\text{def}}{=} xG_1(x).$$

すると, あるノードから二次の隔たり（二ホップ先）に存在するノード数の分布に関する母関数は, $G_0(x)$ の x を $G_1(x)$ に置き換えればよく, 局所木状近似での再帰表現[1]として,

$$G_0(G_1(x)) = \sum_k P(k)\left[G_1(x)\right]^k,$$

と書き表される.

これらを用いると, あるランダム選択リンクからのクラスタサイズ S に

1　局所木状近似は, 大域的なループに関しては不問で, それを否定している訳ではない.

関する母関数 $H_1(x) \stackrel{\text{def}}{=} \sum \mathcal{P}_1(s)x^S$ は,

$$H_1(x) = xG_1(H_1(x)),$$

と, またランダム選択ノードの場合も同様に,

$$H_0(x) = xG_0(H_1(x)),$$

と書き表される. 次数分布の母関数における添字の $_0$ や $_1$ は, ランダム選択ノードとランダム選択リンクに便宜上対応した表記である.

$G_0(1) = G_1(1) = 1$, $H_1(1) = G_1(H_1(1)) = 1$, $H_1'(1) = 1/(1 - G_1'(1))$ より, 平均クラスタサイズは,

$$\langle S \rangle = H_0'(1) = 1 + \frac{G_0'(1)}{1 - G_1'(1)},$$

となる. 無限グラフにおいて, $N \to \infty$ で巨大連結成分 GC ができる $\langle S \rangle \to \infty$ となることは, 上式で $G_1'(1) = 1$ となること,

$$G_1'(x) = \frac{G_0''(x)}{G_0'(1)} = \frac{\sum_k k(k-1)P(k)x^{k-2}}{\langle k \rangle},$$

から, 以下が臨界条件となる（Molloy-Reed 基準と呼ばれる [31]）.

$$\frac{\langle k^2 \rangle}{\langle k \rangle} = 2. \tag{A.1}$$

パーコレーションとして, ランダムなノードの占有率 p のとき, $P(k)$ における実効的な次数分布は

$$\bar{P}(\bar{k}) = \sum_{k=\bar{k}}^{\infty} P(k)_k C_{\bar{k}} p^{\bar{k}} (1-p)^{k-\bar{k}},$$

となる. これを $\bar{k}$ ごとの和を縦に整理することで,

$$\langle \bar{k} \rangle = \sum_{\bar{k}} \bar{k}\bar{P}(\bar{k}) = \sum_n nP(n)p = \langle k \rangle p,$$

$$\langle \bar{k}^2 \rangle = \sum_{\bar{k}} \bar{k}^2 \bar{P}(\bar{k}) = \langle k^2 \rangle p^2 + \langle k \rangle p(1-p),$$

を得る.

巨大連結成分 GC が出来る条件式 (A.1) より, ノード占有率の臨界値 p_c

は,

$$2 = \frac{\langle \bar{k}^2 \rangle}{\langle \bar{k} \rangle} = \frac{p_c(\langle k^2 \rangle - \langle k \rangle) + \langle k \rangle}{\langle k \rangle},$$

$$p_c = \frac{1}{\langle k^2 \rangle / \langle k \rangle - 1},$$

となる.

現実の多くのシステムに共通する構造：SF ネットワークでは, べき指数は $2 < \gamma < 3$ なので, $N \to \infty$ で $\langle k^2 \rangle = \sum k^2 P(k) \sim \sum k^{2-\gamma} \to \infty$ より $p_c \to 0$ となる [198]. ここで, ノード除去率 q と占有率 p の関係式 $q = 1 - p$ より, **ランダム故障 RF に対して SF ネットワークは**巨大連結成分 GC が崩壊する臨界値が $q_c \to 1$ となって**非常に頑健である**ことを示す.

一方, $p_c \to 0$ となることは, ほぼゼロの占有率でも巨大連結成分 GC ができることを意味する. このことは, A.3.3 に示すようウィルス等の感染確率 p_c が非常に小さくても, 蔓延が食い止められないことに相当する.

A.3.2 別解法

上記の別解法として, GC ができるには, あるノード i が j に結合する条件付きで, i の平均次数が最低 2 であることより,

$$\langle k_i | i \leftrightarrow j \rangle = \sum_{k_i} k_i P(k_i | i \leftrightarrow j) = 2,$$

となる.

条件付き確率の関係式 $P(k_i | i \leftrightarrow j) = P(i \leftrightarrow j | k_i) P(k_i) / P(i \leftrightarrow j)$ を用い, $P(i \leftrightarrow j | k_i) = k_i / (N-1)$, $P(i \leftrightarrow j) = \langle k \rangle / (N-1)$ より,

$$\sum_{k_i} k_i P(k_i | i \leftrightarrow j) = \sum_{k_i} k_i \frac{N-1}{\langle k \rangle} \frac{k_i}{N-1} P(k_i),$$

となることから, $\langle k^2 \rangle / \langle k \rangle = 2$ が条件として導かれる [199].

A.3.3 現代社会における感染症予測

現代社会における一部に密集した人々の繋がりを表現する SF ネットワーク上の SIS モデルにおいて, 次数 k を持つノードごとの感染密度 ρ_k

を考える [200].

$$\dot{\rho}_k(t) = -\rho_k(t) + \lambda k(1-\rho_k(t))\Theta(t), \quad s_k(t) + \rho_k(t) = 1,$$

ここで, s_k は次数 k を持つノードの非感染密度, λ は隣接の感染ノードから非感染ノードが感染させられる感染率を表し, パーコレーション解析における占有率 p に相当する.

隣接との個々の相互作用を考えない平均的な感染割合である, 感染の平均場近似 $\Theta \stackrel{\text{def}}{=} \sum_k \frac{kP(k)\rho_k}{\langle k \rangle}$ に, $\dot{\rho_k} = 0$ で上式から求めた平衡解 $\rho_k = \frac{\lambda k\Theta}{1+\lambda k\Theta}$ を代入して反復写像 $\Theta = f(\Theta)$ として整理すると, 感染が絶滅しない条件 $\exists \rho_k \neq 0$ は, 2.5 節の安定性解析と同様に（図 2.5 参照）,

$$\frac{df(\Theta)}{d\Theta}|_{\Theta=0} \geq 1,$$

と等価となる. ゆえに, 上式を計算して整理すると, 感染流行の閾値 λ_c は,

$$\lambda_c < \frac{\langle k \rangle}{\langle k^2 \rangle} \sim \frac{1}{\ln N} \to 0 \ \ (N \to \infty),$$

となる [200]. 実際は有限グラフ $N < \infty$ なので, **現代社会におけるハブ的な人々の密集を続ける限り**, 都市ほど人口 N が大きいのに, 感染率 λ は $1/\ln N$ 程度より（非常に小さく）弱くなければ**蔓延は食い止められない**ことになる.

A.3.4　次数順攻撃に対する頑健性

次数順攻撃 HD に対する頑健性に関して, 以下 [168] は Cohen ら流の解析 [199] であるが, 別の Callaway ら流の解析 [127] もある.

任意の次数分布 $P(k)$ に対して, あるノードの隣接ノードが次数 k である確率として, 以下の残差次数分布 $Q(k)$ を考える.

$$Q(k) \stackrel{\text{def}}{=} \frac{(k+1)P(k+1)}{\langle k \rangle}.$$

言い換えると, $Q(k)$ は, ランダムに選んだリンクを辿った先のノードから出るリンク数が k である確率を表す.

（再計算の無い）次数順攻撃として, 元々の最大次数 k_{max} から k_{cut} ま

で割合 $1-f$ のノードを除去する（次数の小さい順に割合 f のノードが生き残る）ものとする．このとき, k_{cut} を堺に, 元々の最大次数 k_{max} から $k_{cut}+1$ までのノードは除去され, 次数 $k_{cut}-1$ から最小次数 k_{min} までのノードは残る．次数 k_{cut} のノードは割合 Δf だけ除去され,

$$f = \sum_{k=k_{min}}^{k_{cut}} P(k) - \Delta f P(k_{cut}), \tag{A.2}$$

が成り立つ．また, あるリンクを辿った先のノードが除去されない確率は

$$\tilde{f} = \sum_{k=k_{min}}^{k_{cut}} \frac{kP(k)}{\langle k \rangle} - \Delta f \frac{k_{cut}P(k_{cut})}{\langle k \rangle}, \tag{A.3}$$

となる (一般に, $\tilde{f} < f$).

攻撃後のネットワークの実効的な次数分布と残差次数分布をそれぞれ $\bar{P}(k)$ と $\bar{Q}(k)$ と表記すると, 式 (A.2) と式 (A.3) を用いて,

$$\begin{aligned}
f\bar{P}(k) &= \sum_{k'=k}^{k_{cut}} P(k')_{k'}C_k \tilde{f}^k (1-\tilde{f})^{k'-k} \\
&\quad -\Delta f P(k_{cut})_{k_{cut}}C_k \tilde{f}^k (1-\tilde{f})^{k_{cut}-k}, \\
\tilde{f}\bar{Q}(k) &= \sum_{k'=k}^{k_{cut}-1} Q(k')_{k'}C_k \tilde{f}^k (1-\tilde{f})^{k'-k} \\
&\quad -\Delta f Q(k_{cut}-1)_{k_{cut}-1}C_k \tilde{f}^k (1-\tilde{f})^{k_{cut}-1-k},
\end{aligned}$$

と書ける．上式は, A.3.1 の議論と同様に, 除去された高次数ノードのリンク先のノードは一様ランダムに選ぶと仮定している．

これら $\bar{P}(k)$ と $\bar{Q}(k)$ の母関数をそれぞれ $F_0(x)$ と $F_1(x)$ と表記すると,

$$\begin{aligned}
F_0(x) &\stackrel{\mathrm{def}}{=} \sum_k \bar{P}(k)x^k = \frac{1}{f} \sum_{k'=k_{min}}^{k_{cut}} P(k')(\tilde{f}x+1-\tilde{f})^{k'} \\
&\qquad - \frac{\Delta f}{f} P(k_{cut})(\tilde{f}x+1-\tilde{f})^{k_{cut}}, \\
F_1(x) &\stackrel{\mathrm{def}}{=} \sum_k \bar{Q}(k)x^k = \frac{1}{\tilde{f}} \sum_{k'=k_{min}-1}^{k_{cut}-1} Q(k')(\tilde{f}x+1-\tilde{f})^{k'}
\end{aligned}$$

$$-\frac{\Delta f}{f}Q(k_{cut}-1)(\tilde{f}x+1-\tilde{f})^{k_{cut}-1},$$

となり, 元々のネットワークのサイズ N に対する攻撃後のネットワークの最大連結成分 GC のサイズ比 s_{GC} は,

$$s_{GC} = f(1-F_0(u)), \tag{A.4}$$

となる. ただし, u は以下の不動点として,

$$u = F_1(u),$$

の解で, $u < 1$ が $s_{GC} > 0$ の存在条件である[2].

（再計算の無い）次数順攻撃の攻撃率 $q = 1 - f$ に対して, 上式の不動点 u の値を式 (A.4) に代入して計算した s_{GC} は, 5 章にて数値シミュレーションで求めた $S(q)/N$ の解析的な理論解を与える.

一方, バラバラなクラスターから全体がつながった GC が存在する為の臨界条件として,

$$\begin{aligned} F_1'(1) &= \sum_{\kappa=k_{min}-1}^{k_{cut}-1} \kappa Q(\kappa) \\ &= \sum_{k=k_{min}}^{k_{cut}} \frac{k(k-1)P(k)}{\langle k \rangle} - \Delta f \frac{k_{cut}(k_{cut}-1)P(k_{cut})}{\langle k \rangle} = 1, \end{aligned}$$

を満たす k_{cut} を式 (A.2) に代入して, 占有率の臨界値 f_c が求められる.

A.4　短い閉路の計数法

頂点数 N と辺数 M のグラフにおいて, 一定長 $l \geq 3$ で自身と交差しない単純閉路の数（l 角形のモチーフの数）を $\mathcal{N}(C_l)$ と表記する. $l = 3, 4, 5$ の場合は, 各ノード i の次数 k_i と隣接行列 A を用いて, 以下から求めるこ

2　$\bar{P}(k)$ と $\bar{Q}(k)$ は確率分布なので, $F_0(0) = F_1(0) = 0$, 及び, $F_0(1) = F_1(1) = 1$ から, $F_1(u)$ が病的でない連続関数ならば, 不動点 $u = F_1(u)$ は存在し得る.

とができる [201].

$$\mathcal{N}(C_3) = \frac{1}{6}\mathrm{Tr}(A^3).$$

$l = 3$ の場合は, 三ホップで始点に戻るには三角形のみとなる. 上式右辺の $\frac{1}{6}$ は, 左右周りと開始点の取り方が違うのみで同一の三角形となる重複を省くための項である.

$$\mathcal{N}(C_4) = \frac{1}{8}\left\{\mathrm{Tr}(A^4) - 2\sum_{i=1}^{N} k_i(k_i - 1) - 2M\right\}.$$

一方, $l = 4$ では, 四角形の存在数として, 連結した二辺上の往復と一辺上の二往復の組合せ分を上式右辺第 2,3 項で差し引いている.

$$\mathcal{N}(C_5) = \frac{1}{10}\left\{\mathrm{Tr}(A^5) - 5\sum_{i=1}^{N}(A^3)_{ii}(k_i - 1) - 5\mathrm{Tr}(A^3)\right\}.$$

同様に, $l = 5$ では, 五角形の存在数として, 三角形とそれに接続する一辺上の往復と三角形上で一辺上を往復する組合せ分を上式右辺第 2,3 項で差し引いている. $(A^3)_{ii}$ は A^3 の ii 成分を表す. $l = 6, 7$ までは, このような公式が得られている [202].

A.5 固有値の摂動

ある行列 W は, 異なる固有値 $\lambda_i \neq \lambda_j$, $i \neq j$, の固有ベクトル $\mathbf{u}_i$ と $\mathbf{u}_j$ が直交する, すなわち, その内積が

$$(\mathbf{u}_i, \mathbf{u}_j) = \delta_{ij}, \tag{A.5}$$

と正規直交基底をなすとする（例えば対称行列）. このとき, 行列 W の微小変化 ΔW に対する摂動として固有値 $\Delta\lambda_i$ と固有ベクトル $\Delta\mathbf{u}_i$ の近似解である式 (A.11)(A.12) を導く[3].

3　参照: 理数アラカルト 摂動論による固有値と固有ベクトルの近似解, https://risalc.info/src/perturbation-eigenvalue.html

まず, $\Delta\mathbf{u}_i$ が W の固有ベクトルの線形結合 $\Delta\mathbf{u}_i = \sum_{j=1}^{N} c_{ij}\mathbf{u}_j$ で表されることから,

$$
\begin{aligned}
(W+\Delta W)(\mathbf{u}_i+\Delta\mathbf{u}_i) &= (W+\Delta W)\left\{(1+c_{ii})\mathbf{u}_i + \sum_{j\neq i} c_{ij}\mathbf{u}_j\right\} \\
&= (\lambda_i+\Delta\lambda_i)\left\{(1+c_{ii})\mathbf{u}_i + \sum_{j\neq i} c_{ij}\mathbf{u}_j\right\},
\end{aligned} \tag{A.6}
$$

となる. 微小変化 ΔW では $1+c_{ii} \neq 0$ なので, 式 (A.6) の両辺を $1+c_{ii}$ で割って, $d_{ij} \overset{\text{def}}{=} c_{ij}/(1+c_{ii})$ とおくと,

$$
(W+\Delta W)\left\{\mathbf{u}_i + \sum_{j\neq i} d_{ij}\mathbf{u}_j\right\} = (\lambda_i+\Delta\lambda_i)\left\{\mathbf{u}_i + \sum_{j\neq i} d_{ij}\mathbf{u}_j\right\}, \tag{A.7}
$$

を得る. 式 (A.7) の左辺は, 2 次の微小項[4] を無視すると,

$$
\begin{aligned}
(W+\Delta W)\left\{\mathbf{u}_i + \sum_{j\neq i} d_{ij}\mathbf{u}_j\right\} &= W\mathbf{u}_i + \sum_{j\neq i} d_{ij}W\mathbf{u}_j + \Delta L_a\mathbf{u}_i \\
&\quad + \sum_{j\neq i} d_{ij}\Delta W\mathbf{u}_j \\
&\approx W\mathbf{u}_i + \sum_{j\neq i} d_{ij}W\mathbf{u}_j + \Delta W\mathbf{u}_i,
\end{aligned} \tag{A.8}
$$

と近似される.

同様に, 式 (A.7) の右辺は, 2 次の微小項を無視すると,

$$
(\lambda_i+\Delta\lambda_i)\left\{\mathbf{u}_i + \sum_{j\neq i} d_{ij}\mathbf{u}_j\right\} = \lambda_i\mathbf{u}_i + \lambda_i\sum_{j\neq i} d_{ij}\mathbf{u}_j + \Delta\lambda_i\mathbf{u}_i
$$

4　後述するが, d_{ij} は ΔW に関する 1 次の微小項となり, $d_{ij}\Delta W\mathbf{u}_j$ は 2 次の微小項となる.

$$+\Delta\lambda_i \sum_{j\neq i} d_{ij}\mathbf{u}_j$$
$$\approx \lambda_i\mathbf{u}_i + \lambda_i \sum_{j\neq i} d_{ij}\mathbf{u}_j + \Delta\lambda_i\mathbf{u}_i, \text{(A.9)}$$

と近似される．式 (A.8)(A.9) と $W\mathbf{u}_i = \lambda_i\mathbf{u}_i$ より，

$$\sum_{j\neq i} d_{ij}\lambda_j\mathbf{u}_j + \Delta\mathbf{u}_i \approx \lambda_i \sum_{j\neq i} d_{ij}\mathbf{u}_j + \Delta\lambda_i\mathbf{u}_i, \tag{A.10}$$

となる．この右辺の $\Delta W\mathbf{u}_i$ を用いて，

$$\begin{aligned}(\mathbf{u}_i, \Delta W\mathbf{u}_i) &\approx (\mathbf{u}_i, -\sum_{j\neq i} d_{ij}\lambda_j\mathbf{u}_j + \lambda_i \sum_{j\neq i} d_{ij}\mathbf{u}_j + \Delta\lambda_i u_i) \\ &= (\mathbf{u}_i, \Delta\lambda_i\mathbf{u}_i) = \Delta\lambda_i,\end{aligned} \tag{A.11}$$

を得る．特に，W がグラフの Laplacian 行列で，辺 (k,l) の追加または除去の場合，$\Delta W_{kl} = \Delta W_{lk} = \mp 1$, $\Delta W_{kk} = \Delta W_{ll} = \pm 1$, 他の行列要素は全て 0 で，$\Delta\lambda_i \approx \pm(u_{ik} - u_{il})^2$ となる（$\pm$ の符号は追加と除去に対応）．

一般論に話を戻そう．ある行列 W に対して式 (A.10) から，$i \neq k$ のとき，

$$\begin{aligned}(\mathbf{u}_k, \Delta W\mathbf{u}_i) &\approx (\mathbf{u}_k, -\sum_{j\neq i} d_{ij}\lambda_j\mathbf{u}_j + \lambda_i \sum_{j\neq i} d_{ij}\mathbf{u}_j + \Delta\lambda_i\mathbf{u}_i) \\ &= (\lambda_i - \lambda_k)d_{ik},\end{aligned}$$

となることから，$\lambda_i \neq \lambda_k$ なので，

$$d_{ik} \approx \frac{(\mathbf{u}_k, \Delta W\mathbf{u}_i)}{\lambda_i - \lambda_k},$$

となる．ゆえに，上式と $1 + c_i \approx 1$ から，

$$\Delta\mathbf{u}_i \approx \sum_{j\neq i} \frac{(\mathbf{u}_j, \Delta W\mathbf{u}_i)}{\lambda_i - \lambda_j}, \tag{A.12}$$

を得る．特に，W がグラフの Laplacian 行列で，辺 (k,l) の追加または除去の場合，$\Delta W\mathbf{u}_i$ で求められるベクトルの k 成分が $\pm(u_{ik} - u_{il})$, l 成分

が $\pm(u_{il} - u_{ik})$ で, 他の成分は全て 0 なので,

$$\Delta \mathbf{u}_i \approx \sum_{j \neq i} \frac{\pm\{u_{jk}(u_{ik} - u_{il}) + u_{jl}(u_{il} - u_{ik})\}}{\lambda_i - \lambda_j},$$

となる（± の符号は追加と除去に対応）.

A.6　グラフ分割のスペクトル法

グラフ分割の方法として知られるスペクトル法 [183, 184] を紹介する. グラフ $G = (V, E)$ に対する分割数が k のとき, 以下の評価関数を最小化するよう頂点集合 $\{V_s | V = \cup_{s=1}^{k} V_s\}$ を求める.

$$RatioCut(V_1, V_2, \ldots, V_k) \stackrel{\text{def}}{=} \sum_{s=1}^{k} \frac{cut(V_s, \bar{V_s})}{|V_s|}.$$

ここで, V_s の補集合を $\bar{V_s} \stackrel{\text{def}}{=} V - V_s$ と表記して, $cut(V_s, \bar{V_s})$ は V_s と $\bar{V_s}$ をまたぐ辺数である. $RatioCut(V_1, V_2, \ldots, V_k)$ を最小化する組合せ最適化問題は NP 困難である [72].

そこで, 以下のように整数値の制約を実数値で緩和して近似的に解く. Laplacian 行列 L_a（5.5.2 項参照）の 2 次形式は

$$\mathbf{x}^T L_a \mathbf{x} = \frac{1}{2} \sum_{i,j} A_{ij} (x_i - x_j)^2,$$

と隣接行列 A を用いて表現されることから, $k = 2$ 分割の場合[5], $|V| = N$ 次元ベクトル $\mathbf{x}$ の $i = 1, 2, \ldots, N$ の各成分を

$$x_i = \begin{cases} \sqrt{|V_2|/|V_1|} & i \in V_1 \\ -\sqrt{|V_1|/|V_2|} & i \in V_2, \end{cases} \tag{A.13}$$

とすると, $(|V_1| + |V_2|)/N = |V|/N = 1$ を以下の式変形に使って,

5　$k \geq 3$ 分割は, 2 分割したどちらかを更に 2 分割することを再帰的に繰り返す [203].

$$
\begin{aligned}
\mathbf{x}^T L_a \mathbf{x} &= \frac{1}{2} \sum_{i \in V_1, j \in V_2} A_{ij} \left(\sqrt{\frac{|V_2|}{|V_1|}} + \sqrt{\frac{|V_1|}{|V_2|}} \right)^2 \\
&\quad + \frac{1}{2} \sum_{i \in V_2, j \in V_1} A_{ij} \left(-\sqrt{\frac{|V_1|}{|V_2|}} - \sqrt{\frac{|V_2|}{|V_1|}} \right)^2 \\
&= cut(V_1, V_2) \left(\frac{|V_2|}{|V_1|} + \frac{|V_1|}{|V_2|} + 2 \right) \\
&= N \left(\frac{cut(V_1 . V_2)}{|V_1|} + \frac{cut(V_2, V_1)}{|V_2|} \right) \\
&= N \times RatioCut(V_1, V_2),
\end{aligned} \tag{A.14}
$$

と書ける [185]. また, 式 (A.13) は,

$$
\begin{aligned}
\mathbf{x}^T \mathbf{x} &= \sum_{i=1}^{N} x_i^2 = \sum_{i \in V_1} \frac{|V_2|}{|V_1|} + \sum_{i \in V_2} \frac{|V_1|}{|V_2|} \\
&= |V_1| \times \frac{|V_2|}{|V_1|} + |V_2| \times \frac{|V_1|}{|V_2|} \\
&= |V_2| + |V_1| = N,
\end{aligned} \tag{A.15}
$$

$$
\begin{aligned}
\mathbf{x}^T \mathbf{1} &= \sum_{i=1}^{N} x_i = \sum_{i \in V_1} \sqrt{\frac{|V_2|}{|V_1|}} - \sum_{i \in V_2} \sqrt{\frac{|V_1|}{|V_2|}} \\
&= |V_1| \times \sqrt{\frac{|V_2|}{|V_1|}} - |V_2| \times \sqrt{\frac{|V_1|}{|V_2|}} \\
&= \sqrt{|V_1||V_2|} - \sqrt{|V_2||V_1|} = 0,
\end{aligned} \tag{A.16}
$$

を満たす. ただし, 式 (A.13) より, N 個の各 i における変数 x_i は正負のどちらかで 2^N 通りあり, しかも $|V_1|$ と $|V_2|$ は足して N になる正整数なので, それらに応じた値しか x_i は本来取ることができない.

しかしながら, その整数値制約を実数値で緩和した近似問題なら, 式 (A.14) から $RatioCut(V_1, V_2)$ の最小化は, 制約条件式 (A.15)(A.16) のもと $\mathbf{x}^T L_a \mathbf{x}$ の最小化に帰着され, Rayleigh 商 $\frac{\mathbf{x}^T L_a \mathbf{x}}{\mathbf{x}^T \mathbf{x}}$ [204, 205] の最小化で

求めることができる[6].

$$\min \frac{\mathbf{x}^T L_a \mathbf{x}}{\mathbf{x}^T \mathbf{x}},$$
$$s.t.\ \ \mathbf{x}^T\mathbf{x} = 1,\ \ \mathbf{x}^T\mathbf{1} = 0.$$

この解は, L_a の第 2 最小固有値に対する固有ベクトルとなる. 何故なら, $\mathbf{x} = (1, 1, \ldots, 1)^T$ は L_a に対する最小固有値 0 の固有ベクトルであるが, 明らかに式 (A.13) における正負の符号を満たさず, 式 (A.16) は $(1, 1, \ldots, 1)^T$ との直交条件で, この条件下での Rayleigh 商の最小化は最小固有値 0 の次に小さい固有ベクトルを解とするから. 式 (A.15) は正規化条件である.

6　直交条件式 (A.16) の線形制約付き二次評価関数 $\mathbf{x}^T L_a \mathbf{x}$ の二次計画問題 [206] として解いた後に正規化してもよい.

付録B

実ネットワークデータの基本特性

文献 [152] の Supplementary Information から転載して，いくつかの実ネットワークデータの基本特性を整理しておく．

ネットワークデータ	ノード数 N	リンク数 M	次数相関 r	最小次数 k_{min}	平均次数 $\langle k \rangle$	最大次数 k_{max}	直径 D
1. AiirTraffic	1226	2408	-0.0015	1	3.9	34	17
2. E-mail	1133	5451	0.078	1	9.6	71	8
3. PowerGrid	4941	6594	0.003	1	2.7	19	46
4. Yeast	2224	6609	-0.105	1	5.9	64	11
4. Japanese	2698	7995	-0.259	1	5.9	725	8
1. Hamster	1788	12476	-0.089	1	14.0	272	14
5. GRQC	4158	13422	0.639	1	6.5	81	17
1. UC-Irvine	1893	13835	-0.188	1	14.6	255	8
1. OpenFlights	2905	15645	0.049	1	10.8	242	14
6. Pol-blogs	1222	16714	-0.221	1	27.4	351	8

これら各データは上記の番号に対応した以下のアクセス先 URL から入手できる．特に，下記 1. の KONECT には他にも豊富なデータが公開されている．

1. http://konect.cc/
2. https://deim.urv.cat/~alexandre.arenas/data/welcome.htm
3. http://www-personal.umich.edu/~mejn/netdata/
4. https://www.weizmann.ac.il/mcb/UriAlon/download/collection-complex-networks
5. http://snap.stanford.edu/data/ca-GrQc.html
6. http://www-personal.umich.edu/$\sim$mejn/netdata/

また，以下にもさまざまな実ネットワークのデータが公開されており，入手可能である．

- https://networkrepository.com/index.php
- https://journals.aps.org/pre/supplemental/10.1103/PhysRevE.91.010801/SI.pdf

付録C

自己修復の可視化デモ

任意のクライアント PC から以下にアクセスすれば Web 上で対話的に，5.5.2 項の自己修復法 [158] のデモができることを紹介する．ただし，計算時間の短縮目的で，その分散処理を通常プログラムの逐次処理に焼き直して，C++ 及び Python Dash でサーバ上に実装している．

アクセス先： http://ds9.jaist.ac.jp:8080/demo.html
http://ds9.jaist.ac.jp:8050/

図 C.1 に，1.4 節の逆優先的選択 ($\beta = 10,\ m = 4,\ N = 500$) で生成したネットワークの可視化例を示す．図示してないが，他のネットワークの入力データも用意され，この可視化デモを試すことができる．

操作方法としては，左上の一番目のメニューでネットワークデータとしての（2.1 節の Pajek ファイル形式の）.net 入力ファイルを選択して，二番目と三番目のメニューで攻撃方法と可視化方法を選択する．さらに攻撃率 q と（リンク再利用率に相当する）修復率 r_h の各値を 2 つのスライドバーでそれぞれ定めた後，[Draw the Graph] ボタンを押せば可視化される．また，入力ファイルを変更する際には，[Refresh Graph] ボタンをあらかじめ必ず押すものとする．

図下左の棒グラフは攻撃前の元々と修復後のネットワークにおけるノード数とリンク数の変化割合を示して，図下中央から右の棒グラフは攻撃前の元々，攻撃直後，修復後の次数分布をそれぞれ示している．いくつか入力ファイルを変えたり，攻撃率 q と修復率 r_h の値を変化させて試せば，分断崩壊の様子や修復効果の直感的な理解が促されよう．

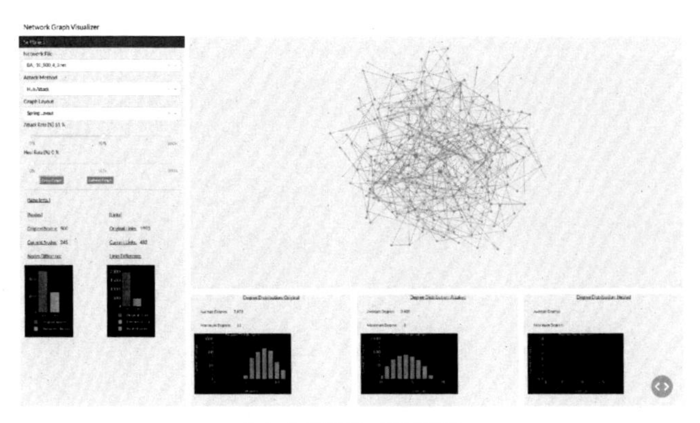

(a) 攻撃直後（修復前）

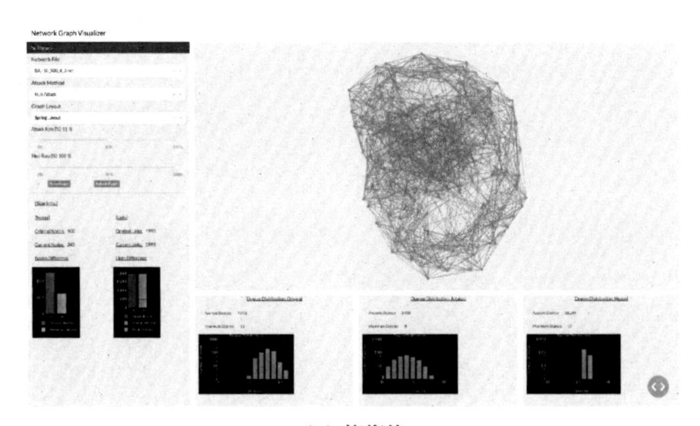

(b) 修復後

図 C.1　自己修復前後の可視化例.

参考文献

[1] 林幸雄. 自己組織化する複雑ネットワーク, 近代科学社, 2014.

[2] 矢久保考介. 複雑ネットワークとその構造, 共立出版, 2013.

[3] Special Issue: Complex Systems and Networks, *Science* **325(5939)**, pp.357-504 (2009).

[4] U.S.-Canada Power System Outage Task Force. Final Report on the 14 August 2003 Blackout in the United States and Canada: Causes and Recommendations. 2004. https://energy.gov/sites/prod/files/oeprod/DocumentsandMedia/BlackoutFinal-Web.pdf

[5] FINAL REPORT of the Investigation Committee on the 28 September 2003 Blackout in Italy. https://eepublicdownloads.entsoe.eu/clean-documents/pre2015/publications/ce/otherreports/20040427_UCTE_IC_Final_report.pdf

[6] Schneider, C.M., Araújo, N.A.M., Havlin, S., and Harmann, H.J. Towards designing robust coupled networks, *Scientific Reports* **3(1969)**, pp.1-7 (2013).

[7] Buldyrev, S.V., Parshani, R., Paul, G., Stanley, H.E., and Havlin, S. Catastrophic cascade of failues in interdependent networks, *Nature* **464**, pp.1025-1028 (2010).

[8] The Great East Japan earthquake: A story of a Devastating Natural Disaster. A Tale Of Human Compassion, 11 March 2011. World Health Organization, Western Pacific Region, December 2013. https://apps.who.int/iris/rest/bitstreams/920441/retrieve

[9] 八木浩一, 林昌弘. 災害における ITS 分野での取り組み事例-乗用車・トラック通行実績・道路規制情報-, 情報処理学会 デジタルプラクティス **3(1)**, pp.3-8 (2012).

[10] 林幸雄. 噂の拡がり方 -ネットワーク科学で世界を読み解く-, 知のナビゲータ DOJIN 選書 009, 化学同人, 2007.

[11] Erdös, P., and Rényi, A. On random graphs. I, *Publicationes Mathmaticae Debrecen* **6**, p.290-297 (1959).

[12] Watts, D.J., and Strogatz, S.H. Collective dynamics of small-world networks, *Nature* **393**, pp.440-442 (1998).

[13] Watts, D.J. (辻竜平, 友知政樹 翻訳). スモールワールド・ネットワーク -世界を知るための新科学的思考-, 阪急コミュニケーションズ, 2004.

[14] Barabási, A.-L. (青木薫 訳). 新ネットワーク思考, NHK 出版, 2003.

[15] Buchanan, M. (坂本芳久 訳). 複雑な世界, 単純な法則, 草思社, 2005.

[16] Barabási, A.-L., and Albert. R. Emergence of Scaling in Random Networks, *Science* **286**, pp.509-512, (1999).

[17] Amaral, L.A.N., Scala, A., Barthelemy, M. and Stanley, H.E. Classes of small-world networks, *Proceedings of the National Academy of Sciences (USA)* **97(21)**, pp.11149-11152 (2000).

[18] 林幸雄. トレンドキーワード： スケールフリーネットワーク, 電子情報通信学会情報・システムソサエティ誌 **11(1)**, pp.19 (2006).

[19] Newman, M.E.J. Networks -An Intriduction-, Oxford University Press, 2010.

[20] Krapivsky, P.L., Redner, S., and Leyvraz, F. Connectivity of Growing Random Networks, *Physical Review Letters* **85**, pp.4629 (2000).

[21] Barabási, A.-L., Albert, R., and Jeong, H. Mean-field theory for scale-free random networks, *Physica A* **272**, pp.173-187 (1999).

[22] 松下貢. 統計分布を知れば世界が分かる -身長-体重から格差問題まで-, 中公新書 2564, 2019.

[23] Newman, N.E.J. The Structure and Function of Complex Networks, *SIAM Review* **45**, pp.167-256 (2003).

[24] 林幸雄. Scale-Free ネットワークの生成メカニズム, 応用数理 **14(4)**, pp.221-237 (2004).

[25] 林幸雄　編著. ネットワーク科学の道具箱, 近代科学社, 2007.

[26] Pastor-Satorras, R., Smith, E.R., and Sole, R.V., Evolving protein interaction networks through gene duplication, *Journal of Theoretical Biology* **222**, pp.199-210 (2003).

[27] Kim, J., Krapivsky, P.L., Kahng, B., and Redner, S. Infinite-order percolation and giant fluctuations in a protein interaction network, *Physical Review E* **66**, pp.055101(R) (2002).

[28] Yang, X.-H., Lou, S.-L., Chen, G., Chen, S.-Y. and Huang, W., Scale-free networks via attachment to random neighbors, *Physica A* **392**, pp.3531-3536 (2013).

[29] Krapivsky, P.L., and Redner, S. Organization of growing networks, *Physical Review E* **63**, pp.066123 (2001).

[30] Krapivsky, P.L., and Redner, S. A statistical physics perspective on Web graph, *Computer Networks* **39**, pp.261-276 (2002).

[31] Barabási, A.-L.（池田裕一・井上寛康・谷澤俊弘 監訳）. ネットワーク科学, 共立出版, 2019.

[32] Albert, R., and Barabási, A.-L. Toplogy of Evolving Networks: Local Events and Universality, *Physical Review Letters* **85**, pp.5234 (2000).

[33] Dorogovtsev, S.N., and Mendes, J.F.F. Evolution of networks, *Advances in Physics* **51**, pp.1079-1187 (2002).

[34] Dorogovtsev, S.N., and Mendes, J.F.F. Evolution of Networks -From Biological Nets to the Internet and WWW-, Oxford University Press, 2003.

[35] Tanizawa, T., Paul, S., Havlin, S., and Stanley, H.E. Optimization of the Robustness of Multimodal Networks, *Physical Review E* **74**, 020608 (2006).

[36] Liao. F., and Hayashi, Y. Emergence of Robust and Efficient Networks in a Family of Attachment Models, *Physica A* **599(127427)**, pp.1-13 (2022).

[37] Zadorozhnyi, V., and Yudin, E. Growing network: models following non-linear preferential attachment rule, *Physica A* **28**, pp.111-132 (2015).

[38] 大竹恒平 他. 特集 社会ネットワーク分析のレシピ, オペレーションズ・リサーチ **64(11)**, pp.644-692 (2019).

[39] 神戸デジタル・ラボ 編, 新熊亮一 監修. ビッグデータ活用の常識は今すぐ捨てなさい, 幻冬舎, 2015.

[40] 長尾真, パターン認識と図形処理, 岩波講座 情報科学-21, 岩波書店, 1983.

[41] 朝野熙彦. 多変量解析の実際, 講談社, 1996.

[42] 亀岡弘和. 非負値行列因子分解, 計測と制御 **51(9)** pp.835-844 2012.

[43] 石黒勝彦, 林浩平. 関係データ学習, 機械学習プロフェッショナルシリーズ, 講談社, 2016.

[44] 林幸雄 編著. Python と複雑ネットワーク分析 -関係性データからのアプローチ- シリーズ　ネットワーク科学の道具箱 II, 近代科学社, 2019.

[45] 村田剛志. Python で学ぶネットワーク分析, オーム社, 2019.

[46] Zinoview, D., Complex Network Analysis in Python, Andy Hunt, 2018.

[47] Freeman, L.C. Centrality in Social Networks Conceptual Clarification, *Social Networks* **1**, pp.215-239 (1978/79).

[48] Wasserman, S., and Faust, K. Social Network Analysis -Methods and Applications-, Sytuctural Analysis in the Social Sciences 8, Cambridge University Press, 1994.

[49] 安田雪. 実践ネットワーク分析 -関係を解く理論と技法-, 新曜社, 2001.

[50] 金光淳. 社会ネットワーク分析の基礎 -社会的関係資本論にむけて-, 勁草書房, 2003.

[51] Freeman, L.C. A set of measures of centrality based on betweeness, *Sociometry* **40**, pp.35-41 (1977).

[52] Dolev, S., Elovicl, Y., and Puzis, R. Routing Betweeness Centrality, *Journal of the ACM* **57(4)**, pp.25:1-27 (2010).

[53] Brandes, U. A Faster Algorithm for Beteeness Centrality, *Journal of Mathematical Sociology* **25**, pp.163-177 (2001).

[54] *Communications of the ACM, Special issue on information filtering* **35(12)**, pp.17-146 (1992). https://dl.acm.org/citation.cfm?id=138859

[55] Page, L., Brin, S., Motwani, R., and Winograd, T. The PageRank Citation Ranking: Bringing Order to the Web, *Technical Report. Stanford InfoLab.* (1999). http://ilpubs.stanford.edu:8090/422/1/1999-66.pdf

[56] Langville, A.N., and Meyer, C.D. (岩野和生, 黒川利明, 黒川洋 訳). Google PageRank の数理 -最強検索エンジンのランキング手法を求めて-, 共立出版, 2009.

[57] Borgatti, S.P., and Everett, M.G. A Graph-theoretic perspective on centrality, *Social Networks* **28**, pp.466-484 (2006).

[58] Morone, F., and Makse, H.A. Influence maximization in complex networks through optimal percolation, *Nature* **524**, pp.65-68 (2015). Supplementary Information[1]

[59] Hashimoto, K. Zeta functions of finite graphs and representations of p-adic groups, *Advanced Studies in Pure Mathematics* **15**, pp.211-280, (1989).

[60] 森正武, 杉原正顕, 室田一雄. 線形計算, 岩波講座 応用数学 [方法 2] 岩波書店, 1994.

[61] Martin, T., Zhang, X., and Newman, M.E.J. Localization and centrality in networks, *Physical Review E* **90**, pp.052808 (2014).

[62] Radicchi, F., and Castellano, C. Beyond the locally treelike approximation for percolation on real networks, *Physical Review E* **93**, pp.030302 (2016).

[63] Timár, G., Da Costa, R.A. Dorogovtsev, S.N., and Mendes, J.F.F. Non-backtracking expansion of finite graphs, *Physical Review E* **95**, pp.042322 (2017).

[64] Karrer B., Newman, M.E.J., and Zdeborová, L. Percolation on Sparse Networks, *Physical Review Letter* **113**, pp.208702 (2014).

[65] Morone, F. Min, B., Mari, R., and Makse, H.A. Collective Influence Algorithm to find influencers via optimal percolation in massively large social media, *Scientific Reports* **6(30062)**, pp.1-11 (2016).

[66] Pei, S., Teng, X., Shaman, J., Morone, F., and Makse, H.A. Efficient collective influence maximization in cascading processes with first-order transitions, *Scientific Reports* **7(45240)**, pp.1-13 (2017).

[67] Pastor-Satorras, R., Castellano, C., Van Mieghem,P., and Vespignani,A. Epidemic processes in complex networks, *Reviews of Modern Physics* **87**, pp.925 (2015).

[68] 重定南奈子. 侵入と伝搬の数理生態学, 東京大学出版会, 1992.

[69] Kempe, D., Kleinberg, J., and Tardos, É. Maximizing the Spread of Influence through a Social Network, *Proc. of SIGKDD*, pp.137-146 (2003).

[70] Banerjee, S., Jenamani, M., and Pratihar, D.K. A Survey on Influence Maximization in a Social Networks, *arXiv*:1808.05502, (2018).

1 http://www.nature.com/nature/journal/v524/n7563/extref/nature14604-s1.pdf

[71] 大原剛三, 斎藤和巳, 木村昌弘, 元田浩. 情報拡散モデルに基づく社会ネットワーク上の影響度分析, オペレーションズリサーチ **60(8)**, pp.449-455, (2015).

[72] Karp, R.M. Reducibility among combinatorial problems, In Complexity of Computer Communications, E.Miller et al.(eds), pp.85-103, NY Plenum Press, 1972.

[73] 茨木俊秀. NP 困難性の 35 年：その誕生, 応用数理 **17(1)**, 応用数理の遊歩道 (48), pp.73-76 (2007).

[74] Aho, A.V., Hopcroft, J.E., and Ullman, J.D. (野崎昭弘, 野下浩平 共訳), アルゴリズムの設計と解析 II, サイエンス社, 1977.

[75] Liao. F., and Hayashi, Y. Identify Multiple Seeds for Influence Maximization by Statistical Physics Approach and Multi-hop Coverage, *Applied Network Science* **7(52)**, pp.1-16 (2022).

[76] Kitsak, M., Gallos, L.K., Havlin, S., Liljeros, F., Muchnik, L., Stanley, H.E., and Makse, H.A. Identification of influential spreaders in complex networks, *Nature Physics* **6(11)** pp.888 – 893 (2010).

[77] Chen, D., Lü,L., Shang, M.-S., Zhang, Y.-H., and Zhou, T. Identifying influential nodes in complex networks, *Physica A* **391(4)** pp.1777 – 1787 (2012).

[78] Gao, S., Ma, J., Chen, Z., Wang, G., and Xing, C. Ranking the spreading ability of nodes in complex networks based on local structure, *Physica A* **403** pp.130 – 147 (2014).

[79] Dey, P., Bhattacharya, S., and Roy, S. A Survey on the Role of Centrality as Seed Nodes for Information Propagation in Large Scale Network, *ACM/IMS Transactions on Data Science* **2(3)**, pp.1-25 (2021).

[80] Bar-Yehuda, R., and Even, S. A local-ratio theorem for approximating the weighted vertex cover problem. In Analysis and Design of Algorithms for Combinatorial Problems, Volume 109 of North-Holland Mathematics Studies, pp.27 – 45. North-Holland, 1985.

[81] Chen, H., and Jost, J. Minimum Vertex Covers and the Spectrum of the Normalized Laplacian on Trees, *Linear Algebra and Its Applications* **437(4)** pp.1089-1101 (2012).

[82] Pastor-Satorras, R., and Vespignani, A. Immunization of complex networks, *Physical Review E* **65** pp.036104 (2002).

[83] Moreno, Y., Pastor-Satorras, R., and Vespignani, A. Epidemic outbreaks in complex heterogeneous networks, *The European Physical Journal B* **26(4)** pp.521 – 529 (2002).

[84] Basuchowdhuri, P., and Majumder, S. Finding Influential Nodes in Social Networks Using Minimum k-Hop Dominating Set, In Proceeding of the International Conference on Applied Algorithms 2014, *Lecture Note*

in Computer Science **8321** pp.137-151 (2014).

[85] Ni, R., Li, X., LI, F., Gao, X., and Chen,G. FASTCOVER: A Unsupervised Learning Framework for Milti-Hop Influence Maximization in Social Networks, *arXiv:2111.00463* (2022). https://arxiv.org/pdf/2111.00463v2.pdf

[86] Kimura, M., Saito, K., and Motoda, H. Minimizing the spread of contamination by bloking links in a network, In Procedings of the 23rd AAAI Conference on Artificial Intelligence, 2008.

[87] Xu, W., and Wu, W. Optimal Social Influence. Springer, 2019.

[88] 村上雅人. なるほど　統計力学, 海鳴社, 2017.

[89] 村上雅人. なるほど　統計力学 応用編, 海鳴社, 2019.

[90] 鈴木譲, 植野真臣 編著；黒木学　他著. 確率的グラフィカルモデル, 共立出版, 2016.

[91] Zhou, H.-J. Spin glass approach to the feedback vertex set problem, *The European Physical Journal B* **86(455)**, pp.1-9 (2013).

[92] 加藤岳生. ゼロから学ぶ　統計力学, 講談社, 2013.

[93] Mézard, M., and Montanari, A. Information, Physics, and Computation, Oxford, 2009.

[94] Variani, V.V.（浅野孝夫　訳）. 近似アルゴリズム, シュプリンガー・フェラーク東京, 2002.

[95] 樺島祥介. 実演レプリカ法 -ランダムエネルギー模型を例として-, 平成 16 年度東工大知能システム科学専攻サマーシンポジウム確率をてなずける計算技術 -レプリカ法と平均場近似- 予稿集, pp.1-16 (2004).

[96] Weigt, M., and Zhou, H.-J. Message passing for vertex covers, *Physical Review E* **74**, pp.046110 (2006).

[97] Xiao, J.-Q., and Zhou, H.-J. Partition function loop series for a general graphical model: free energy corrections and message-passing equations, *Journal Physics A* Mathematical and Theoretical **44**, pp.425001 (2011).

[98] Krzakala, K., Ricci-Tersenghi, F., Zdeborová, L., Zecchina, R., Tramel, E.W., and Cugliandolo, L.F. Statistical Physics, Optimization, Inference, and Message-Passing Algorithms, Oxford, 2013.

[99] 渡辺有祐. グラフィカルモデル, 機械学習プロフェッショナルシリーズ, 講談社, 2016.

[100] 杉原厚吉. 形と動きの数理 -工学の道具としての幾何学-, 東京大学出版会, 2006.

[101] Yedidia, J.S., Freeman, W.T., and Weiss, Y. Generalized Belief Propagation, *Advances in NIPS* **13**, pp.689-695 (2001).

[102] 池田思朗, 田中利幸, 甘利俊一. 確率伝搬法の情報幾何 -符号理論, 統計物理, 人工知能の接点-, 応用数理 **14(3)**, pp.236-247 (2004).

[103] Ikeda, S., Tanaka, T., and Amari, S. Stochastic Reasoning, Free En-

ergy, and Information Geometry, *Neural Computation* **16**, pp.1779-1810 (2004).

[104] 高邉賢史. 最適化問題に対する近似アルゴリズムの典型性能に関する統計力学的解析, 東京大学大学院総合文化研究科 博士論文, (2017).

[105] Xu, Y.-Z., Yeng, C.H., Zhou, H.-J., and Saad, D. Entropy Infection and Invisible Low-Energy States: Defensive Alliance Example, *Physical Review Letters* **121**, pp.210602 (2018).

[106] Hartmann, A.K, and Weight, M. Phase Transitions in Combinatorial Optimization Problems, Wiley-VCH, 2005.

[107] 福島孝治. 講義ノート 最適化問題の統計力学的研究, 物性研究 **94-2**, pp.137-169 (2000).

[108] 宋剛秀, 番原睦則, 田村直之, 鍋島英知. SAT ソルバーの最新動向と利用技術, コンピュータソフトウェア **35(4)**, pp.72 – 92 (2018).

[109] Lucas, A. Ising formulations of many NP problems, *Frontier in Physics* **2(5)**, pp.1-15 (2014).

[110] 松崎雄一郎, 川畑史郎. 量子力学現象を利用した革新的コンピュータ, 電子情報通信学会誌 **103(3)**, 小特集 量子技術に着想を得た次世代コンピューティング, pp.267274-316 (2020).

[111] 山崎雅直. CMOS アニーリングマシンの概要と開発状況, 電子情報通信学会誌 **103(3)**, 小特集 量子技術に着想を得た次世代コンピューティング, pp.311-316 (2020).

[112] 竹本一矢, 松原聰, 宮澤俊之, 柴崎崇之, 渡辺康弘, 田村泰孝. 実社会の組合せ最適化問題を解く「デジタルアニーラ」技術, 電子情報通信学会誌 **103(3)**, 小特集 量子技術に着想を得た次世代コンピューティング, pp.317-323 (2020).

[113] Goto. H. et al. High-performance combinatorial optimization based on classical mechanics, *Science Advances* **7(7953)** (2021).

[114] 吉田春夫. シンプレクティック数値解法, 数理科学 **33(6)**, 特集 古典力学の輝き, pp.37-45 (1995).

[115] 岡崎誠. べんりな変分原理, 物理数学 One Point 4, 共立出版, 1993.

[116] Goto. H., Tatsumura, K., and Dixon, R. Combinatorial optimization by simulating adiabatic bifurcation in nonlinear Hamiltonian systems, *Science Advances* **5(2372)** (2019).

[117] Grassia, M., De Domenico, A., and Mangioni, G. Machine learning dismantling and early-warning signals of disintegration in complex systems, *Nature Communications* **12(5190)** (2021).

[118] ガラムカリ和, 杉山磨人, O'Bray,L., Rieck, B., Borgwardt, K. グラフィカーネルの進展, 人工知能学会誌 **36(4)**, 特集 「離散構造と機械学習」, pp.421-429 (2021).

[119] Dai, H., and Song, L. Discriminative Embeddings of Latent Variable

Models for Structured Data, *Proceedings of the 33 rd International Conference on Machine Learning*, pp.2702 – 2711 (2016).

[120] Dai, H., Khalil, E.B., Zhang, Y., Dilkina, B., and Song, L. Learning Combinatorial Optimization Algorithms over Graphs, *Proceedings of the 31st International Conference on Neural Information Processing System*, pp.6351-6361 (2017).

[121] Zolli, A., and Healy, A.M.（須川綾子 訳）. レジリエンス　復活力-あらゆるシステムの破綻と回復を分けるものは何か-, ダイヤモンド社, 2014.

[122] Hollnagel, E. Safety-I & Safty-II -The Past and Future Safety Manegement-, CRC Press, 2014.

[123] Folke, C. Resilience The emergence of a perspective for social-ecological systems analyses, *Global Environmental Change* **16**, pp.253 – 267 (2006).

[124] 小田垣孝. パーコレーションの科学, 裳華房, 1993.

[125] 小田垣孝. つながりの物理学 -パーコレーションの理論と複雑ネットワーク理論-, 裳華房, 2020.

[126] Albert, R., Jeong, H., and Barabási, A.-L. Error and attack tolerance of complex networks, *Nature* **406**, pp.378-382 (2000).

[127] Callaway, D.S., Newman, M.E.J., Havlin, S., and Watts, D.J. Network Robustness and Fragility: Percolation on Random Graphs, *Physical Review Letters* **85(25)**, pp.5468-5471 (2000).

[128] Albert, R., and Barabási, A.-L. Emergence of Scaling in Random Networks, *Science* **286**, pp.509-512 (1999).

[129] Albert, R., and Barabási, A.-L. Statistical Mechanics of Complex Networks, *Rev. Med. Phys.* **74**, pp.47-97 (2002).

[130] Braunstein, A., Dall' Asta, L., Semerjiand, G., and Zdeborová, L. Network dismantling. *Proceedings of the National Academy of Sciences (USA)* **113(44)**, pp.12368 – 12373 (2016).

[131] Shao, S., Huang, X., Stanley, H.E., and Havlin, S. Percolation of localized attack on complex networks. *New Journal of Physics* **17** 023049 (2015).

[132] Cohen, R., Havlin, S., and Ben-Avraham, D. Efficient immunization strategies for complex networks and pupulations. *Physical Review E* **91(24)**, 247901 (2003).

[133] Zdeborová, L., Zhang, P., and Zhou, H.-J. Fast and simple decycling and dismantling of networks. *Scientific Reports* **6**, 37954, (2016).

[134] Mugisha, S., and Zhou, H.-J. Identifying optimal targets of network attack by belief propagation. *Physical Review E* **94**, 012305 (2016).

[135] 菊池 浩　著, 防衛調達研究センター刊行物等編集委員会 編. 重要インフラ防護におけるレジリエンス・マネジメントについて. 公益財団法人 防衛基盤整備協会, 2013. https://ssl.bsk-z.or.jp/kakusyu/pdf/25-5tyousa.pdf

[136] Getting, P.A. Emerging principles governing the operation of neural networks, *Annual Review of Neuroscience* **12**, pp.185-204, (1989).

[137] Tanizawa, T., Havlin, S., and Stanley, H.E. Robustness of onion-like correlated networks against targeted attacks, *Physical Review E* **85**, pp.046109 (2012).

[138] Schneider, C.M., Moreira, A.A., Andrade Jr. J.S., Havlin, S., and Herrmann, H.J. Mitigation of malicious attacks on networks, *Proceedings of the National Academy of Sciences (USA)* **108**, pp.3838-3841 (2011).

[139] Newman, M.E.J. Assortative Mixing in Networks, *Phyical Review Letters* **89**, pp.208701 (2002).

[140] Newman, M.E.J. Mixing patterns in networks, *Phyical Review E* **67**, pp.026126 (2003).

[141] Wu, Z.-X., and Holme, P. Onion structure and network robustness, *Physical Review E* **84**, 026106 (2011).

[142] Sampaio Filho, C.I.N., Moreira, A.A., Andrade, R.S.F., Herrm and, H.J., and Andrade Jr, J.S. Mandara networks: ultra-small-world and highly sparse graphs, *Scientific Reports* **5(9082)** pp.1-6 (2015).

[143] Pastor-Satorras, R., Vázquez, A., and Vespignani, A. Dynamical and Correlation Properties of the Internet, *Physcal Review Letters* **87(25)**, pp.258701 (2001).

[144] Hayashi, Y. Growing Self-organized Design of Efficient and Robust Complex Networks, *IEEE Xplore Digital Library Self-Adaptive and Self-Organization (SASO) 2014*, doi:10.1109/SASO.2014.17, pp.50-59 (2014).

[145] Hayashi, Y. Spatially self-organized resilient networks by a distributed cooperative mechanism, *Physica A* **457**, pp.255-269 (2016).

[146] Hayashi, Y. A new design principle of robust onion-like networks self-organized in growth, *Network Science* **6(1)**, pp.54-70 (2018).

[147] Hayashi, Y., and Uchiyama, N. Onion-like networks are both robust and resilient, *Scientific Reports* **8(11241)** (2018). Correction of Fig.9, https://www.nature.com/articles/s41598-018-32563-3

[148] Catanzaro, M., Boguña, M., and Pastor-Satorras, R. Generation of uncorrelated random scale-free networks, *Physical Review E* **71**, pp.027103 (2005).

[149] Gallos, L.K., S. Havlin, S., Stanley, H.E., and Fefferman, N.H. Propinquity drives the emergence of network structure and density, *Proceedings of the National Academy of Sciences (USA)* **116 (41)**, pp.20360 – 20365 (2019).

[150] Hayashi, Y. Spatially self-organized resilient networks by a distributed cooperative mechanism, *Physica A* **457**, pp.255-269 (2016).

[151] Hayashi, Y., and Tanaka, Y. Emergence of an Onion-like Network in Surface Growth and Its Strong Robustness, *IEICE Trans. on Fundamentals* **E102-A(10)**, pp.1393-1396 (2019).

[152] Chujyo. M., and Hayashi, Y. A loop enhancement strategy for network robustness, *Applied Network Science* **6(3)** pp.1-13 (2021).

[153] Berge, C.（伊理正夫　他訳）. グラフの理論 I, サイエンス社, 1976.

[154] Gross, J., and Yellen, J. Graph Theory and Its Applications, CRC Press, 1998.

[155] Chan, H., and Akoglu, L. Optimizing network robustness by edge rewiring: a general framework, *Data Mining Knowledge Discovery* **30**, pp.1395-1425 (2016).

[156] Hayashi, Y., Tanaka, A., and Matsukubo, J. More Tolerant Reconstructed Networks by Self-Healing against Attacks in Saving Resource, *Entropy* **23(102)**, Special Issue: Critical Phenomena and Optimization in Complex Networks, pp.1-15, Correction of Fig.5 (2021).

[157] Stippinger, M., and Kertész, J. Enhancing resilience of interdependent networks by healing, *Physica A* **416**, pp.-487 (2014).

[158] Kim, J., and Hayashi, Y. Distributed Self-Healing for Resilient Network Design in Local Resource Allocation Control, *Frontier in Physics*, Section: Interdisciplinary Physics, **10(870560)** pp.1-16 (2022).

[159] Gallos, L.K., and Fefferman, N.H. Simple and efficient self-healing strategy for damaged complex networks, *Physical Review E* **92**, pp.052806 (2015).

[160] Park, J., and Hahn, S.G. Bypass rewiring and robustness of complex networks. *Physical Review E* **94**, pp.022310 (2016).

[161] Hayes, T., Rustagi, N., Saia, J., and Trehan, A. The Forgiving Tree: A Self-Healing Distributed Data Structure. *In Proceedings of the 27th ACM Symposium on Principles of Distributed Computing (PODC)*, pp.203-212, 2008.

[162] Castañeda, A., Dolev, D., and Trehan, A. Compact routing messages in self-healing. *Theoretical Computer Science* **709**, pp.2-19 (2018).

[163] Hayashi, Y., and Matsukubo, J. Improvement of the robustness on geographical networks by adding shortcuts, *Physica A* **380**, pp.552-562 (2007).

[164] Beygelzimer, A., Gristen, G, Linsker, R, and Rish, I. Improving network robustness by edge modofication, *Physica A* **357**, pp.593-612 (2005).

[165] Carchiolo, V., Grassia, M., Longhen, A., Malgeri, M., and Mangioni, G. Network robustness improvement via log-range links, *Comutational Social Netwworks* **6(1)**, pp.1-16 (2019).

[166] Chujyo. M., and Hayashi, Y. Adding links on minimum degree and longest distance strategies for improving network robustness and efficiency, *PLOS ONE* **10(1371)**, pp.1-20 (2022).

[167] Chujyo. M., Hayashi. Y. Optimal network robustness in continuously changing degree distributions, *Complex Networks and Their Applications XI, Proceedings of The Eleventh International Conference on Complex Networks and Their Applications: COMPLEX NETWORKS 2022* **2** (2023).

[168] Chujyo. M., Hayashi, Y, and Hasegawa, T. Optimal Network Robustness Against Attacks in Varying Degree Distributions, *arXiv:2301.06291* (2023).

[169] Ma, L., Liu, J., Duan, B., and Zhou, M. A theoretical estimation for the optimal network robustness measure R against malicious node attacks, *EuroPhysics Letters* **111(2803** pp.1-5 (2015).

[170] Yuan, X., Shao, S., Stanley, H.E., and Havlin, S. How breadth of degree distribution influences network robustness: Comparing localized and random attacks, *Physical Review E* **92**, pp.032122 (2015).

[171] Joos, F., and Perarnau, G. Critical percolation on random regular graphs, *Proceedings of the American Mathematical Society* **146(8)**, pp.3321-3332 (2018).

[172] Lynch, J.F. The equivalence of theorem proving and the interconnection problem, *ACM SIGDA Newsletter* **5(3)**, pp.31-65 (1975).

[173] Robertson, N. Graph Minors. XIII. The Disjoint Paths Problem, *J. of Combinatorial Theory, Series B* **63**, pp.65-110 (1995).

[174] Robertson, N., and Seymour, P.D. An outline of a disjoint paths algorithm, In Korte, B. et al. Eds, Paths, Flows, and VLSI-Layout, pp.267-292, Springer-Verlag (1980).

[175] 高崎金久. 線形代数と数え上げ, 第 1,2,13 章, 日本評論社, 2012.

[176] 高崎金久. 線形代数とネットワーク, 第 11,12 章, 日本評論社, 2017.

[177] Formin, S., and Zelevinsky, A. Total Positivity: Tests and Parametrizations, *Math. Intelligencer* **22**, pp.23-33 (2000).

[178] Stembridge, J.R. Nonintersecting Paths, Pfaffians, and Plane Partitions, *Advances in Mathmatics* **83**, pp.96-131 (1990).

[179] Skandera, M., Introductory Notes on Total Positivity, (2003). http://people.brandeis.edu/~aminul/Docs/ira/ISING/intp+ve.pdf

[180] Hayashi, Y. & Tanaka, A. Practical counting of substitutive paths on a planar infrastructure network, *Scientific Reports* **12(14673)** pp.1-12 (2022).

[181] Kranakis, E., Singh, H. and Urrutia, J. Compass Routing on Geometric

Networks. In Proc. of the 11th Canadian Conf. on Comp. Geo. 1999.

[182] Meng, Q., Lee, D.-H., and Cheu, R.L. Counting the Different Efficient Paths for Transportation Networks and Its Applications, *Journal of Advanced Transportation* **39(2)**, pp.193-220 (2005).

[183] Hagen, L. and Kahng, A.B. New spectral methods for ratio cut partitioning and clustering, *IEEE Transaction on Computer-Aided Design* **11(9)**, pp.1074-1085 (1992).

[184] von Luxburg, U. A tutorial on spectral clustering, *Statistical Computing* **17**, 395-416 (2007).

[185] 川本達郎. グラフ分割と固有値問題, 日本神経回路学会 **21(4)**, pp.162-169 (2014).

[186] 中南孝晶, 中山昌一郎, 小林俊一, 山口裕通. 固有値解析による固有ベクトルを利用した緊急輸送道路ネットワークの脆弱性評価, 土木学会論文誌集 D3 **74(5)**, pp.1141-1148 (2018).

[187] 中山昌一郎, 小林俊一, 山口裕通. 道路ネットワークの連結性の定量化とその最適補強問題, 土木学会論文誌集 D3 **77(3)**, pp.245-259 (2021).

[188] Zhao, R., Xu, X., and Chen, A. Alternative method of counting the number of efficient paths in a transportation network, *Transportmetrica A: Transport Science* pp.1-27 (2021).

[189] Shen, B.H., Hao, B., and Sen, A. On Multipath Routing using Wider Pair of Disjoint Paths. In 2004 Workshop on High Performance Swithcing and Routing, pp.134-140 (2004).

[190] Santos, D., De Sousa, A., and Monterio, P. Compact Methods for Critical Node Detection in Telecommucation Networks. *Electronic Notes in Discrete Mathematics*, **64** 325-334 (2018).

[191] 楠 涼太, 林　幸雄. 逆優先的選択によるネットワークのカスケード故障に対する性能評価, 日本応用数理学会 2022 年度年会, 予稿集 H1-2-3 (2022).

[192] Motter, A.E. Cascade Control and Defense in Complex Networks, *Physical Review Letters* **93(9)**, pp.098701 (2004).

[193] 増田直紀, 今野紀雄. 複雑ネットワーク -基礎から応用まで-, 近代科学社, 2010.

[194] Hayashi, Y. Asymptotic behavior of the node degrees in the ensemble average of adjacency matrix, *Network Science* **4(3)**, pp.385-399 (2016).

[195] 砂田利一. 現代数学の広がり 1, 第 3 章, 岩波書店, 1996.

[196] Terras, A. Zeta Functions of Graphs, Cambridge studies in advanced mathematics 128, 2011.

[197] 黒川重信. オイラー、リーマン、ラマヌジャン -時代を超えた数学者の接点-, 岩波科学ライブラリー 126, 岩波書店, 2006.

[198] Cohen, R., Erez, K., Ben-Avraham, D., and Havlin, S. Resilence of the Internet to Random Breakdown, *Physical Review Letters* **85(21)**, pp.4626-

4628 (2000).

[199] Cohen, R., Havlin, S., and Ben-Avraham, D. Structual properties of scale-free networks, In Bornholdt, S., and Svchster, H.G. Eds. Handbook of Graphs and Networks, Chapter 4, pp.85-110, WILEY-VCH, 2003.

[200] Pastor-Satorras, R., and Vespignani, A. Epidemic dynamics and endemic states in complex networks, *Physcal Review E* **63**, pp.066117 (2001).

[201] Latora, V., Nicosia, V., and Russo, G. Complex Networks -Principles, Methods and Applications-, Chapter 8, Cambridge University Press, 2017.

[202] Alon, N., Yuser, R., and Zwick, U. Fininding and counting given length cucles, *Algorithmica* **17** pp.209-223 (1997).

[203] Shi, H., and Malik, J. Normalized cuts and image segmentation, *IEEE Transactions on Pattern Analysis and Machine Intelligence* **22**, pp.888-905 (2000).

[204] 一松信. 代数学入門第二課, 近代科学社, 1992.

[205] Strang, G.（松崎公紀　訳）. ストラング：線形代数とデータサイエンス, 世界標準 MIIT 教科書, 近代科学社, 2021.

[206] 小島正和, 土谷隆, 水野眞治, 矢部博. 内点法, 経営科学のニューフロンテイア-9, 朝倉書店, 2001.

索引

R

S

W

あ

か

さ

た

な

は

ま

や

ら

わ

著者紹介

林 幸雄 (はやし ゆきお)

1987年　豊橋科学技術大学大学院電気電子工学専攻修了、富士ゼロックス（株）システム技術研究所

1991年　国際電気通信基礎技術研究所ATR視聴覚機構研究所、人間情報通信研究所（出向）

1995年　博士（工学）京都大学

1997年　北陸先端科学技術大学院大学知識科学研究科助教授

2003年　文部科学省研究振興局学術調査官（併任）

2008年　科学技術振興機構さきがけ「知の創生を情報社会」領域アドバイザー（併任）

現　在　北陸先端科学技術大学院大学先端科学技術研究科/融合科学共同専攻教授

著書

「Pythonと複雑ネットワーク分析」近代科学社（共著）、「自己組織化する複雑ネットワーク」近代科学社、「ネットワーク科学の道具箱」近代科学社（共著）、「情報ネットワーク科学入門」コロナ社（共著）、「噂の拡がり方」化学同人、「Networks – Emerging Topics in Computer Science-」iConceptPress（共著）

◎本書スタッフ

編集長：石井 沙知

編集：伊藤 雅英

組版協力：阿瀬 はる美

表紙デザイン：tplot.inc 中沢 岳志

技術開発・システム支援：インプレスR&D NextPublishingセンター

●本書の内容についてのお問い合わせ先

近代科学社Digital　メール窓口

kdd-info@kindaikagaku.co.jp

件名に「『本書名』問い合わせ係」と明記してお送りください。

電話やFAX、郵便でのご質問にはお答えできません。返信までには、しばらくお時間をいただく場合があります。なお、本書の範囲を超えるご質問にはお答えしかねますので、あらかじめご了承ください。

複雑ネットワークにおける最適化

超AI的な統計物理学アプローチ

2023年2月24日　初版発行Ver.1.0
2024年7月12日　Ver.1.2

著　者　林 幸雄
発行人　大塚 浩昭
発　行　近代科学社Digital
販　売　株式会社 近代科学社
〒101-0051
東京都千代田区神田神保町1丁目105番地
https://www.kindaikagaku.co.jp

印刷・製本　京葉流通倉庫株式会社
Printed in Japan

ISBN978-4-7649-6055-8